상호작용이 시간이다

상호작용이 시간이다
Decoherence is time

양자역학

저자 **김정희**

자연앤 과학

1장   시간을 통한 양자얽힘 해석

양자역학의 난해함	012
양자역학이 어려운 이유	013
양자역학이 왜 그러냐고? "닥치고 계산하고 외워라"	015
양자 얽힘	017
시간이 없는 세계의 특징, 양자중첩	034
시간이 흐르는 세계의 특징	037
그렇다면 거시세계의 시간은 언제 탄생하는 것일까?	040
이중슬릿 실험과 시간	044
양자중첩이 가능한 한계 – 슈뢰딩거의 고양이는 불가능하다.	047

2장 양자 세계의 특징

입자, 파동 이중성	052
입자인지 파동인지 알수 있는 가장 간단한 실험 – 이중슬릿 실험	060
빛의 이중슬릿 실험결과	061
아인슈타인의 등장과 빛의 이중성	063
드브로이드 물질파	067
물리학 역사상 가장 기이하며 이해할 수 없는 실험 결과 – 전자의 이중슬릿 실험과 상호작용	068
코펜하겐 해석	074
코펜하겐 해석의 한계	075
아인슈타인 "달을 보지 않으면 달은 존재하지 않는 것인가?"	076
"결어긋남을 일으키는 상호작용이 시간이다." 이를 통한 이중슬릿 실험 해석	077
양자세계에서 입자와 파동의 결정적 차이는 시간의 유(有)무(無)이다.	079
양자세계의 파동은 거시세계의 기계적 파동과는 다르다.	080
거시세계의 파동과 양자의 파동이 다른 가장 큰 특징 "$E=h\nu$"	083
거시세계에서 시간이 흐른다고 믿을 수 밖에 없는 이유	089
위치의 불확정성과 파장	091
미국드라마 "로스트룸"	097

3장 시간과 공간의 양자화

흑체 복사와 막스플랑크의 에너지 양자화 … 104
시간과 공간은 연속적일까? 불연속적일까? … 113

4장 빛의 속도에 대한 미스테리와 상대성이론

빛이 우주에서 가장 빠른 이유와 에너지가 달라도 속도가 같은 이유 … 119
우주에서 가장 빠른 물질이라면 무한대의 속도여야 하는데 유한한 "c"라는 속도를 가진다. … 122
빛은 상대속도가 존재하지 않는다. … 126
아인슈타인이 양자역학을 이해하지 못하고 반대한 이유 … 132
아인슈타인과 양자역학 그리고 시간 … 135
공간이란 무엇인가? … 139
양자 얽힘은 맞지만 아인슈타인의 말대로 빛보다 빠른 정보 전달은 불가능하다. … 140
즉 비국소성의 양자얽힘 또한 국소성의 인과율을 위배하지 않는다.
플랑크 시간, 플랑크 길이 … 143

5장 시간

시간에 대한 사고 실험 1	152
시간에 대한 사고 실험 2	156
시간이란 무엇인가?	158

참고문헌 166

1장

시간을 통한 양자얽힘 해석

양자역학의 난해함

양자역학은 우리 몸을 구성하고 있는 원자와 같이 아주 작은 미시세계의 물리법칙을 연구하는 학문입니다.
물리학 역사상 가장 천재 중 한 명이며 양자역학 발전에 엄청난 공헌을 한 리처드 파인만은 "양자역학을 이해한 사람은 단 한 명도 없다."라고 못 박아 이야기했습니다.
물리학 역사상 가장 유명한 과학자인 아인슈타인은 양자역학은 터무니없는 학문이며 양자역학이 틀렸다고 주장한 대표적인 과학자입니다. 실제 아인슈타인은 죽을 때까지 양자역학을 믿지 않았습니다. 하지만 여러 실험을 통해 양자역학이 맞다는 것이 밝혀졌습니다. 아인슈타인이 틀린 것입니다.
양자역학은 눈에 보이지 않는 미시세계를 연구하는 학문이라고 했습니다. 양자역학이 어려운 이유가 단지 눈에 보이지 않는 작은 세계를 연구하는 학문이기 때문에 어려운 것일까요? 그렇지 않습니다. 현재 과학의 발달과 실험장비의 발달로 미시세계의 움직임을 정밀하게 측정, 관찰, 조절할 수 있습니다. 미시세계의 움직임을 정밀하게 관찰할 수 있지만 과거에도 현재에도 양자역학을 명확히 설명하는 사람은 없습니다. 양자역학이 어렵고 아인슈타인이 양자역학을 반대한 이유는 따로 있습니다.

양자역학이 어려운 이유

미시세계의 원자와 전자가 모여 거시세계의 눈에 보이는 우리의 세계가 만들어집니다. 반대로 거시세계를 확대해 보면 미시세계의 여러 원자들과 전자를 발견할 수 있습니다. 그렇다면 눈에 보이지 않는 미시세계의 물리법칙과 눈에 보이는 거시세계의 물리법칙은 같아야 할까요, 달라야 할까요? 당연히 같아야 합니다. 미시세계가 a라는 물리법칙으로 돌아간다면 미시세계가 모인 거시세계 또한 a라는 물리법칙으로 움직여야 합니다.

금가루가 모여 금을 만들어 냅니다. 은가루가 모이게 되면 은이 만들어집니다. 금가루를 모아 은을 만들어 낼 수는 없습니다. 금을 확대해 보면 그 안에 금가루가 나와야 합니다. 너무나 당연한 사실이며 당연히 모든 과학자들은 그렇게 생각하고 있었습니다.

뉴턴 이후 많은 물리학자들은 자신감이 넘쳤습니다. 거시세계의 물리 법칙을 거의 다 알아냈다고 생각했기 때문입니다. 실제 수학이라는 언어로 많은 현상들을 설명하고 정확하게 측정하고 예측까지 가능했습니다.

뉴턴의 법칙은 많은 자연 현상을 설명하는 데 매우 성공적이었기 때문에 물리학이 더 이상 새로운 발견을 필요로 하지 않는 완성된 학문으로 여겨졌습니다. 이는 물리학 연구의 동력을 떨어뜨릴 정도였으며 실제 대중적 인기가 떨어질 정도였습니다.

시간이 흐르며 실험장비와 관측장비의 발달로 과학자들은 미시세계를 조금씩 관찰할 수 있게 됩니다. 이때 자신감이 넘치던 과학자들은 엄청난 혼란과 충격에 빠지게 됩니다.

자신들이 알고 있던 거시세계의 물리법칙은 당연히 미시세계를 이루고 있는 원자, 전자에게도 그대로 적용되어야 합니다. 하지만 거시세계의 물리법칙과는 너무나도 다른 현상들이 미시세계에서 관찰되었기 때문입니다.

비유하자면 금을 자세히 확대하여 들여다보았는데 금가루가 아닌 은가루가 나온 격입니다.

미시세계에서 가능한 일은 거시세계에서도 가능하여야 합니다. 미시세계가 모여 거시세계를 만들기 때문입니다. 하지만 과학자들이 알고 있던 거시세계의 물리 법칙과 너무나도 다른 현상들이 미시세계에서는 일어나고 있었으며 이는 거시세계와 너무나도 달랐습니다.

가장 큰 특징은 비국소성, 양자중첩, 양자얽힘에 의해 얽힌 양자들끼리 빛보다 빠른 중첩 붕괴, 불확정성 등입니다. 이에 대해서는 뒤에 자세히 다루게 됩니다. 이때 과학자들은 크게 두 부류로 나뉘게 됩니다. 이해할 수는 없지만 실험결과 그렇게 나오니 사실로 받아들이자는 양자역학 찬성 부류와 "무슨 소리냐 기존 이론으로 설명할 수도 없고 말도 되지 않는다. 양자역학은 엉터리다."라고 주장하며 양자역학을 반대하는 부류로 나뉘게 됩니다. 찬성파의 대표적인 사람이 닐스 보어, 하이젠베르크, 막스 보른이며 반대파의 대표적인 과학자가 아인슈타인과 슈뢰딩거입니다. 그런데 아이러니하게도, 아인슈타인은 광양자설로 양자역학의 시작을 밝혔으며 슈뢰딩거 또한 파동 방정식으로 양자역학의 수학적 틀을 마련한 사람입니다.

양자역학의 발전에 지대한 공헌을 한 과학자들이 왜 양자역학을 반대한 것일까요? 그 이유는 거시세계의 물리 법칙과 너무나 모순되어 보이는 양자역학의 현상들 때문입니다. 또한 그 이유를 아무도 설명할 수 없었기 때문입니다.

그렇다면 양자의 세계는 거시세계와 어떠한 점이 달랐을까요? 미시세계의 양자로 이루어진 우리는 왜 양자와 같이 움직이지 못할까요? 아인슈타인은 양자의 어떤 점을 이해하지 못했고 받아들일 수 없었을까요?

지금부터 수많은 과학자를 혼란에 빠뜨린 아직도 설명하지 못하는 양자의 움직임을 알아보고 그 움직임에 대한 해법을 "시간이란 무엇인가?"를 통해 설명해 보겠습니다.

이 책에서는 단지 양자역학이란 이런 것이다. 양자는 거시세계와 달리 어떠한 특징을 가진다. 이해할 수 없고 설명할 수 없는 현상이지만 이러한 특징이 있다. 에 그치지 않을 것입니다. 거기에 대한 해법을 "시간이란 무엇인가?"를 통해 제시해 보고자 합니다.

양자역학이 왜 그러냐고? "닥치고 계산하고 외워라"

양자역학의 원리를 묻는 질문에 대한 유명한 답변입니다.

"실험을 통해 양자역학이 맞고 수학적으로도 계산이 되지만 그 이유를 명확히 설명할 수는 없다." 그렇기 때문에 이해하려고 하지 말고 외우고 계산하라는 말입니다.

이중슬릿 실험과 양자얽힘 실험의 경우 모두 사실로 밝혀졌고 계산까지 가능하지만 왜 이러한 일들이 벌어지는 지에 대해 명확히 설명하는 사람이 없습니다. 이러한 점 때문에 리처드 파인만조차 "양자역학을 이해한 사람은 단 한 사람도 없다." "당신이 양자역학을 이해했다고 생각한다면 양자역학을 이해하지 못한 것이다."라고 하였으며 그 이유를 설명하지 못하는 학문을 아인슈타인은 받아들일 수 없었던 것입니다.

"이해할 수 없고 설명할 수 없지만 실험결과 사실이니 받아들이자" 이 말을 아인슈타인같이 논리적이고 모든 것을 수학과 물리학으로 설명할 수 있다고 믿는 과학자 입장에서는 받아들일 수 없었던 것입니다.

아인슈타인이 자신만이 옳고 다른 사람의 이론을 배척하는 과학자라 양자역학을 반대했을까요?

개인적으로 저는 그렇게 생각하지 않습니다. 아인슈타인은 누구보다 열린 사고를 가진 사람이었으며 시간에 대한 고정관념을 바꾸어 상대성이론을 밝혀냈습니다. 다른 사람들의 이론 또한 받아들였습니다.

아무도 관심을 가지지 않던 드브로이드의 물질파 이론을 적극 찬성하고 추천한 사람이 아인슈타인입니다. 드브로이드의 물질파 논문을 접한 아인슈타인은 "미친 소리 같지만, 진실처럼 보인다."라고 하였고 적극 추천하였습니다. 당시 드브로이드는 박사 학위가 없는 대학원생이었으며 전혀 유명하지 않은 무명의 과학자였습니다. 물질파 이론은 1927년 실험으로 증명되어 1929년 노벨물리학상을 받습니다. 물질파 이론은 양자는 입자와 파동의 성질을 동시에 가진다는 양자의 이중성을 주장합니다. 이 주장 내용은 양자역학에서 가장 중요한 내용 중 하나이며 양자의 가장 이상한 특징 중 하나이기도 합니다. 즉 아인슈타인은 양자역학의 모든 것을 반대하지 않았습니다.

아인슈타인은 양자역학이 본질적으로 확률적이라는 점, 불확정성 원리, 관찰에 의해 파동이 입자가 되는 이유, 양자 얽힘의 비국소성이 그의 결정론적 세계관과 맞지 않아서 이를 반대했습니다.

아인슈타인이 죽을 때까지 양자역학을 반대했다는 말은, 그 누구도 죽을 때까지 아인슈타인에게 논리적으로 양자역학이 맞다는 것을 설명할 수 없었다는 말입니다.

닥치고 외우고 계산하라 는 말로는 아인슈타인을 설득할 수 없었습니다.

왜 논리적으로 양자역학이 맞다는 것을 아인슈타인에게 설명할 수 없었을까요? 아인슈타인은 어떠한 점을 간과하였길래 양자역학을 받아들일 수 없었을까? 지금부터 단지 계산하고 외우는 양자역학이 아니라 왜 이러한 일들이 벌어지는지에 대해 연구하고 같이 도전해 봅시다.

양자 얽힘

거시세계의 물리법칙과 다른 현상이 양자의 세계에서는 관찰되었다고 했습니다. 그 대표적인 현상 중 하나가 바로 양자얽힘입니다.
지금부터 양자 얽힘에 대해 살펴보면서 무엇이 거시세계의 물리 법칙과 달랐는지와 그 사실을 당시 과학자들이 받아들이기 힘들었던 이유, 또한 왜 이러한 현상이 일어나는지까지 알아봅시다.
양자 얽힘이란 말 그대로 서로 얽혀 있는 양자끼리 발생하는 현상입니다.
양자 얽힘의 핵심 키워드는 중첩과 동 시성입니다
a와 b는 0과 1의 상태를 가지는 양자입니다. 만약 a가 1이면 b는 0이며 b가 1이면 a는 0이 되는 관계로 설정해 놓았다고 가정해 봅시다.
이 두 개의 양자를 얽히게 만든 뒤 멀리 떨어트려 놓습니다.
이때 a와 b 둘 중 하나를 관찰하여 0인지 1인지를 확인하게 되면 그 순간 나머지 하나의 양자 또한 0인지 1인지 결정이 됩니다.
a가 1이라면 b는 0일 것이며 b 가 1이라면 a는 0일 것입니다.
고전 역학적 상식으로 보면 a가 0인지 1인지 우리가 알지 못하고 있을 뿐이지 이미 정해져 있을 것이고 우리가 관찰을 통해 a가 0인지 1인지 확인하면 b 또한 0인지 1인지 유추 가능한 것처럼 보입니다.

하지만 양자역학은 그렇게 보지 않습니다.

양자역학에 의하면 a와 b는 0과 1의 상태를 모두 가지는 중첩상태로 존재하게 됩니다.

즉 관찰 전에 a는 0인지 1인지 정해져 있지 않고 두 가지 상태를 모두 가지고 있다고 양자역학에서는 말합니다. 이를 양자 중첩 상태라 합니다.

[양자중첩]
"0", "1"의 상태를 **동시에** 가진다.

이러한 중첩상태가 붕괴되고 하나로 확정되는 순간은 우리가 그 양자와 상호작용을 하여 관찰할 때입니다.

a라는 양자가 0과 1의 상태를 동시에 가지게 되는데 0인지 1인지 확인을 하는 순간 그 양자가 0인지 1인지 확정되어진다는 것입니다.

양자 중첩은 너무 어려우니 뒤에 이해하고 일단 두 번째 키워드인 동시성에 대해 알아보겠습니다.

중첩이란 말 그대로 하나의 입자가 여러 가지 상태를 동시에 가진다는 것입니다. 이는 거시세계에서는 불가능한 것처럼 보입니다. 예를 들면 어떤 사람이 12시 정각에 서 있으면서 동시에 누워 있기도 한 것이 바로 중첩입니다. 거시 세계의 사람들은 불가능한입니다. 우리는 특정 시간에 하나의 행동만 할 수 있으며 하나의 상태만을 가지게 됩니다. 12시 정각에 갑이라는 사람이 오른쪽으로 돌고 있다고 해봅시다. 이 사람은 12시 정각에 왼쪽으로는 회전할 수 없습니다. 하지만 우리 몸을 이루고 있는 전자와 같은 양자는 12시 정각에 오른쪽으로 회전하면서 동시에 왼쪽으로도 회전할 수 있습니다. 이것이 양자의 미스테리 한 점입니다.

여기에서 첫 번째 의문점은 양자중첩이 가능한 이유입니다. 어떻게 동시에 두 가지 상태를 가질 수 있을까요? 오른쪽으로 회전하면서 동시에 왼쪽으로 회전할 수 있을까요?

두 번째 의문점은 우리의 몸을 이루고 있는 양자는 동시에 여러 가지 상태를 동시에 가질 수 있습니다. 그렇다면 양자가 모여 이루어진 거시 세계에 사는 우리 또한 동시에 여러 가지 상태를 가질 수 있어야 합니다. 하지만 거시세계에 있는 우리는 그럴 수 없습니다. 이 두 가지 의문점을 안고 두 번째 키워드인 동시성에 대해 알아봅시다.

동시성

0과 1의 상태를 모두 가지는 a를 관찰하게 되면 그 순간 a는 0 또는 1로 확정된다고 하였습니다. 만약 a가 1로 확정되었다면 0과 1의 중첩 상태에 있던 b는 a가 1로 확정되는 그 순간 0으로 확정되게 되며 a가 0으로 확정되었다면 b는 1로 확정됩니다.

그런데 a와 b가 아무리 멀리 떨어져 있더라도 a와 b는 동시에 상태가 결정된다고 양자역학에서는 해석하고 있습니다.

만약 12시 정각에 a가 "1"로 확정되었다면 그 순간 b가 아무리 멀리 떨어져 있더라도 12시 정각 똑같은 시간에 b는 "0"으로 확정됩니다.

사실 거시세계에서 공간이 떨어져 있으면 "같은 시간"이란 표현은 정확하지 않습니다. 상대성이론에 의하여 시공간은 같은 것이며, 절대적인 시간은 없기 때문입니다. 하지만 여기에서는 동시성을 쉽게 설명하기 위하여 12시 정각이라는 표현을 사용하였으니 양해 바랍니다. 뒤에 계속 12시 정각이라는 표현을 사용하는데 이 또한 같은 이유입니다.

고전 역학적으로 보았을 때 중첩된 b는 a가 0으로 확정되었는지 1로 확정되었는지를 바로 알 수가 없습니다. a가 1이 되는 순간 그 정보를 b로 보내 그 정보를 토대로 b가 0이 된다고 생각해 볼 수도 있는데 특수상대성 이론에 의하면 빛보다 빠른 물체는 존재할 수 없기 때문에 빛보다 빨리 정보가 전달되는 것은 불가능합니다.

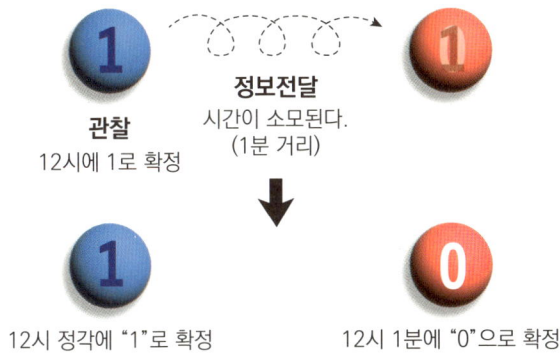

[고전 역학적 관점]

이 특수 상대성이론에 대해서는 뒤에 자세히 다루도록 하겠습니다. 왜 빛보다 빠른 속도는 존재할 수 없는지도 뒤에 자세히 설명하겠습니다. "빛보다 빠른 속도는 존재하지 않는다."라는 사실은 일반인들도 대부분 아는 명제이기 때문에 여기서는 간단히 넘어가고 뒤에 자세히 설명하겠습니다.

하지만 양자 얽힘에서는 시간 차이 없이 동시에 a와 b가 확정됩니다.

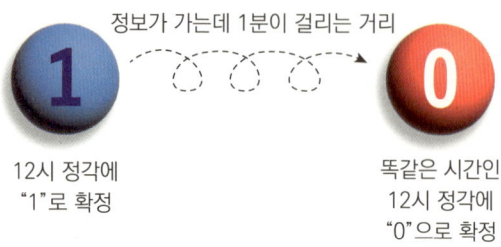

[양자역학, 동시성]

고전역학적으로 봤을 때 a의 상태가 b로 빛의 속도보다 빨리 전달된 것처럼 보이는 것입니다.

여기에서 이의를 제기한 과학자가 아인슈타인입니다.

아인슈타인의 특수 상대성이론에 의하면 모든 질량을 가지는 물질은 빛보다 빠를 수 없습니다. 이는 우주 만물에 예외 없이 적용되는 법칙입니다. 그런데 양자얽힘에 의하면 a의 정보가 빛보다 빠르게 b로 전달이 된 것처럼 보입니다. a가 1이라는 정보가 b에 전달되었기에 b가 0으로 확정되었는데 정보는 빛보다 빨리 전달될 수 없으므로 양자역학은 틀렸다는 것입니다.

예를 들어 서로 얽혀 있는 양자 중 a는 지구에 양자 b는 달에 가져다 놓았습니다. 지구에 있는 a를 12시 정각에 관찰하여 확인하는 순간 "0" 또는 "1"로 확정됩니다. 만약 "1"로 확정되었다면 "1"로 확정된 정보가 달에 있는 b로 전달되어야 되는데 이때 빛의 속도로 정보가 간다고 하더라도 1.3초의 시간이 걸리기 때문에 최소한 12시 1.3초 이후에 b는 0이 되어야 합니다.

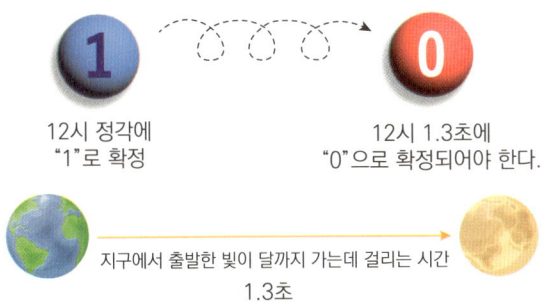

[특수상대성이론]

특수 상대성 이론에 의하면 빛보다 빨리 움직일 수 없기 때문입니다. 하지만 12시 정각에 지구에 있는 a가 1로 확정되게 되면 달에 있는 b는 시간의 지체 없이 12시 정각에 0으로 확정되는 것이 여러 실험에 의해 밝혀졌습니다. 아인슈타인이 틀린 것입니다.

[실제 양자얽힘의 실험 결과]

부연 설명을 하자면 a가 1이면 b는 0이 되어야 하며 a가 0이면 b는 1이 되어야 합니다. 즉 b의 상태는 a가 1인지 0인지에 따라 달라지게 됩니다. b가 자신의 상태를 1인지 0인지 결정하려면 a의 상태를 알아야 가능합니다.

그런데 a는 중첩 상태로 관찰하기 전에는 0과 1의 상태를 동시에 가진다고 하였습니다. 즉 a가 0인지 1인지는 정해져 있지 않습니다. 그렇기 때문에 b는 a가 0인지 1인지를 그전에 알 수가 없습니다.

달에 있는 b는 a가 0인지 1인지를 알아야 자신의 상태를 결정할 수 있습니다.

12시에 a를 관찰하게 되면 그 순간 중첩 상태에 있던 a는 1인지 0인지 결정되게 됩니다. 12시 이전에는 그 누구도 a가 1인지 0인지 알 수 없으며 b 또한 마찬가지로 12시 이전에는 a가 "1"인지 "0"인지 알 수 없습니다.

그렇다면 12시에 a가 "1"로 확정되었다면 그 정보가 b로 전달되어야만 b는 자신이 "0"이 될지 "1"이 될지를 정할 수 있습니다.

b는 a가 "0"인지 "1"인지에 따라 자신이 결정되기 때문입니다.

그런데 12시 만약 a가 "1"로 확정되었다면 그 정보를 달에 있는 b로 보내야 하는데 이때 아인슈타인의 특수상대성 이론에 의하면 빛의 속도보다 빠른 물질은 없기 때문에 빛보다 빨리 정보를 전달할 수 없습니다. 빛의 속도로 정보를 보낸다더라도 1.3초의 시간이 걸리기 때문에 최소한 12시 1.3초에 b는 "0"이 되어야 합니다.

하지만 놀랍게도 b는 12시 1.3초 뒤에 "0"이 되는 것이 아니라 a가 "1"로 확정되는 12시 정각과 동일 한 시간인 12시 정각에 "0"으로 확정되는 것이 바로 양자역학입니다. (사실 지구의 12시와 달의 12시는 다릅니다. 특수상대성 이론에 의하면 이 우주에 절대적인 시간은 없기 때문입니다. 하지만 양자의 동시성을 설명하기 위하여 12시 정각이라는 특정 시간을 설정했습니다.)

이는 빛보다 빠르게 a의 상태가 b로 전달된 것처럼 보입니다.

아인슈타인은 당연히 이를 반대하였습니다. 자신의 특수상대성이론과 양자역학의 내용이 모순되었기 때문입니다. 아인슈타인은 이를 "귀신같은 원격 현상"이라 표현하며 반대하였습니다. 귀신이라는 말 자체가 비과학을 의미하는 말이기 때문이며 과학자들은 당연히 이러한 단어를 싫어합니다. 이러한 단어를 사용하였다는 것 자체가 양자역학을 진정한 과학이라 생각하지 않은 것입니다.

하지만 양자역학이 맞다는 것이 실험으로 완벽히 밝혀졌습니다.

2022년에 노벨물리학상이 바로 이 양자얽힘이 맞다는 것을 실험으로 밝혀낸 3명의 과학자에게 주어졌습니다. 이 3명은 이론물리학자가 아닌 실험 물리학자입니다. 이론이 아닌 실험으로 양자얽힘의 중첩과 동시성을 증명했습니다. 노벨물리학상은 아무리 이론적으로 뛰어나더라도 100프로 밝혀지지 않은 사실에 대해서는 절대 수상하지 않습니다. 수많은 과학자들이 양자얽힘이 맞다는 것을 완벽히 인정했다는 말이 됩니다. 하지만 왜 이러한 일이 벌어지는지는 아직도 설명하지 못하고 있습니다. 실험으로 양자얽힘을 밝혀 노벨상을 받은 이 3명조차 왜 이러한 일이 벌어지는지 설명하지 못하고 있습니다. 단지 실험으로 그 사실을 증명했을 뿐입니다. 양자역학의 이러한 설명 불가능한 현상들 때문에 리처드 파인만은 "당신이 양자역학을 이해했다고 생각한다면 당신은 양자역학을 이해하지 못한 것이다."라는 말을 한 것입니다. 여러분들이 양자얽힘이 어떠한 현상인지 이해했다고 하더라도 여러분들은 양자얽힘이 무엇인지 이해하지 못한 것입니다. 왜냐하면 이러한 양자얽힘의 동시성과 중첩이 왜 일어나는지 이해하지 못하였기 때문입니다.

특수상대성이론과 양자역학은 서로 모순되는 것처럼 보입니다. 양자역학은 맞고 특수상대성이론이 틀린 것일까요?

그렇지 않습니다. 현재 밝혀진 바로는 양자역학도 맞고 특수상대성이론 또한 맞습니다.

이 둘은 서로 모순되는 것처럼 보인다.
지금부터 이 둘을 모두 만족할 수 있는 조건을 찾아봅시다.

이 두 가지 모순되어 보이는 현상을 모두 만족할 수 있는 조건을 우리는 찾아내야 합니다. 이제부터 아인슈타인이 간과한 그 조건을 찾아봅시다.
"빛보다 빠른 속도는 존재할 수 없다."

이를 수학공식으로 표현해 보면

$$속도 < C$$

그런데 여기에서 속도는 공간을 시간으로 나눈 분수입니다.

$$속도 = \frac{공간}{시간}$$

$$\frac{공간}{시간} < C$$

이는 절대 법칙입니다. 그런데 이 수식을 만족하기 위해서는 한 가지 조건이 필요합니다. 그 조건이 너무나도 당연해 보이기 때문에 우리는 생략한 채 사용하고 있었습니다.

속도란 공간을 시간으로 나눈 분수입니다.

그런데 분수가 성립되기 위해서는 한 가지 조건이 필요하다는 것을 우리는 초등학교 때부터 배워왔습니다.

바로 분수가 성립되기 위해서는 분모가 "0"이 되어서는 안 됩니다.

$\frac{100}{0}$, $\frac{10}{0}$, $\frac{1000}{0}$ 이와 같이 분모가 "0"인 분수는 존재할 수 없습니다.

수학에서 분수의 분모가 0인 경우는 정의되지 않습니다. 이는 다음과 같은 이유 때문입니다.

수학적 정의 : 분수가 의미를 가지려면, 분모는 0이 아닌 값을 가져야 합니다. 분모가 0이면 분수의 값이 무한대가 되거나 정의되지 않습니다.

나눗셈의 불가능성 : 나눗셈에서 0으로 나누는 것은 불가능합니다. 예를 들어, 어떤 수를 0으로 나누면 결과를 정할 수 없기 때문에 수학적으로 의미가 없습니다.

실수 체계에서의 문제 : 실수 체계에서는 어떤 수를 0으로 나누는 것이 불가능하며, 이는 무한대로 발산하거나 정의되지 않은 결과를 초래합니다.

예시

$\frac{a}{0}$ (여기서 a는 0이 아닌 수) : 이 분수는 정의되지 않습니다.

0/0

이는 특별한 경우로, 여러 값을 가질 수 있는 부정형(indeterminate form)입니다.

이는 극한 계산 등에서 중요하게 다뤄집니다.

결론

분수에서 분모가 0인 경우는 수학적으로 정의되지 않으며, 이는 계산 과정에서 주의해야 할 중요한 원칙 중 하나입니다.

즉 속도라는 개념에서 분모인 시간이 0이 되면 분수인 속도는 성립되지 않습니다. 굳이 따지면 무한대의 속도라 할 수 있습니다.

$$\frac{공간}{시간} < C$$

이 식에서 분모인 시간이 0이 된다면 위 식은 성립되지 않습니다.

$$\frac{공간}{시간} < C \ (조건 : 시간 = 0 \ 이 \ 아니다.)$$

즉 특수상대성이론에서

"빛보다 빠른 속도는 존재하지 않는다."

이 명제는

"분모인 시간이 0이 아닐 때 에는 빛보다 빠른 속도는 존재하지 않는다."

로 바뀌어야 합니다.

아인슈타인이 간과한 점이 바로 이것입니다. 시간이 "0"인 경우를 생각하지 않은 것입니다.

시간이 "0"이라는 것이 무슨 의미일까요?

두 가지로 표현해 볼 수 있습니다. 첫 번째 "0"이란 없다는 의미도 가지므로

"시간이 없다."
"시간이 존재하지 않는다."

라고 표현할 수 있습니다. 사과가 "0"이다.라는 말은 "사과가 없다."는 말이 됩니다. 두 번째 우리는 시간이 얼마나 흘렀나를 계산할 때 앞의 시간에서 뒤의 시간을 뺀 편차를 적습니다. 12시에서 12시 10분이 되었다면 10분의 시간이 흘렀다고 표현합니다.

12시 10분 - 12시 = 10분

그런데 두 시간의 편차가 0이라면 시간이 흐르지 않은 것이 됩니다.

12시 - 12시 = 0
시간 = 0

이는 "시간이 흐르지 않았다."로 표현할 수도 있습니다.
상대성이론에 다시 접목해 보자면

"시간이 흐르고 시간이 존재하는 세상에서는 모든 물체는 빛보다 빠를 수가 없다."

"만약 시간이 없는 세계 시간이 흐르지 않는 세계에서는 속도 제한은 의미가 없으며 속도라는 개념은 존재하지 않는다."

아인슈타인의 특수상대성이론은 시간이란 흐르며 시간은 존재한다는 고정관념이 무의식 속에 깔려 있는 이론입니다.
만약 시간이 없는 시간이 흐르지 않는 세계를 이 특수상대성이론으로 완벽하게 설명할 수 있을까요? 이는 불가능합니다.
다시 양자 얽힘의 세계로 들어가 봅시다. 서로 얽힌 양자의 세계에서 아무리 거리가 멀리 떨어져 있더라도 얽혀 있는 양자는 같은 시간에 상태가 결정되게 됩니다. 즉 시간이 걸리지 않습니다.
여러 실험 결과에 의하면 12시 정각에 a에서 "1"의 상태로 확정이 되면 b 또한 12시 정각에 중첩이 붕괴되어 "0"으로 상태가 결정되게 됩니다. a와 b는 공간이 떨어져 있지만 시간의 편차는 "0"입니다. 즉 시간이 흐르지 않는 세계입니다.

지구에 있는 양자 a와 달에 있는 양자 b의 상태 결정 속도를 구해 봅시다.
지구와 달까지의 거리는 384,400km 정도입니다.
분자인 거리는 384,400km입니다.
분모인 시간을 구해보면 12-12=0 이 됩니다.
즉, $\frac{384400}{0}$ 이 됩니다.
이는 빛보다 빠른 속도이며 [시간이 "0"이 아닐 때에는 빛보다 빠른 속도는 존재하지 않는다.]와 모순되지 않습니다.

즉 양자 얽힘과 특수상대성이론이 서로 모순되지 않을 조건은 분모인 시간이 "0"인 경우와 "0"이 아닌 경우를 나누어 봐야 한다는 것입니다.

양자얽힘은 시간이 "0"인 경우이고 특수상대성이론은 시간이 "0"이 아닌 경우입니다.

여기서 재미있는 점은 $\frac{100}{0}$, $\frac{10000}{0}$, $\frac{1}{0}$ 은 모두 같다는 사실입니다.

즉 속도의 개념에서 분모인 시간이 "0"이 된다면 분자인 공간은 아무 의미가 없습니다. 1000키로 떨어져 있든 1키로 떨어져 있든 같습니다.

바로 양자의 큰 특징인 "비국소성"입니다.

비국소성의 반대는 국소성입니다. 이는 뒤에 특수상대성이론을 설명하면서 같이 설명하도록 하겠습니다. 왜냐하면 특수상대성이론에 의해 이 우주는 "국소성"을 가진다고 아인슈타인은 보았기 때문입니다. 하지만 양자역학은 비국소성을 가지기 때문에 아인슈타인은 양자역학을 받아들이지 않았습니다.

간단히 먼저 알아보자면 국소성이란 충분히 멀리 떨어진 두 물체는 빛의 속도보다 빠르게 상호작용을 할 수 없다는 원리입니다. 만약 속도의 개념에서 빛보다 빠르게 신호가 전달되면, 어떤 관찰자는 한 사건에 대하여 원인과 결과가 바뀌는 것이 되며 이는 인과율에 위배가 됩니다. 마치 시간이 거꾸로 흐르는 것처럼 보입니다.

비국소성은 아무리 멀리 공간이 떨어져 있다 하더라도 즉 물리적 거리와 관계없이 즉각적으로 영향을 주고받는 현상을 말합니다. 바로 양자얽힘의 동시성입니다.

양자 얽힘의 실험에서도 100미터 떨어트리든 1000키로 떨어트리든 같은 실험 결과가 나옵니다.

양자 얽힘 실험에서 얽힌 양자끼리 떨어진 거리는 상관없이 모두 같은 실험 결과가 나옵니다. a와 b가 서울과 부산에 있어도 a와 b는 동시에 중첩이 붕괴가 되며 a와 b가 지구와 화성에 있어도 동시에 중첩이 붕괴되어 하나로 확정됩니다. 분자인 공간은 아무런 영향을 끼치지 못합니다. 분모가 "0"이기 때문입니다. 다시 한번 설명하자면 분모가 "0"이 되면 분자인 공간은 아무 의미가 없으며 모두 같습니다.

양자의 세계에서는 시간이 흐르지 않는 시간이 없는 순간이 존재한다고 생각해 볼 수 있는 것입니다.
이는 이미 많은 물리학자들이 시간이 흐르지 않으며 존재하지 않는다고 주장하고 있습니다. 대표적인 책이 카를로 로벨리의 "시간은 흐르지 않는다."입니다.

이 책에서는 루프 양자 중력이론을 다루며 루프 양자 중력이론에서는 시공간이 양자화되어 연속적이지 않고 불연속적인 구조를 가집니다.

일반 상대성 이론의 시간 개념 : 일반 상대성 이론에서 시간은 중력장에 따라 휘어지는 4차원 시공간의 한 부분입니다. 시공간은 동적이며, 중력장과 상호작용합니다.

양자역학의 시간 개념 : 양자란 불연속을 의미합니다. 그렇다면 시간과 공간 또한 양자화되어 불연속적이라 생각할 수 있습니다.

양자 중력 이론의 도전
양자 중력 이론에서는 이 두 시간 개념을 통합하려고 시도합니다. 루프 양자 중력과 같은 이론은 시공간이 양자화되어 있고, 시간 자체가 더 이상 연속적이지 않다고 주장합니다. 시간이 연속적이지 않다면 시간이 흐르지 않는 단계가 반드시 존재할 수밖에 없습니다. 이는 뒤에 자세히 설명하겠습니다.
하지만 이 책에는 흐르지 않던, 존재하지 않던 시간이 언제 탄생하는지에 대해서는 나오지 않습니다. 또한 시간이 흐르지 않는다는 개념을 통해 양자의 비국소성, 양자얽힘, 동시성을 설명하고 있지 않습니다.

아인슈타인이 양자역학을 이해하지 못하고 반대한 이유가 여기에 있습니다. 아인슈타인은 시간이란 흐르는 존재이면 항상 시간은 존재한다는 고정관념을 무의식적으로 가지고 있었습니다.
그런 상태에서 시간이 존재하지 않는 세계를 보니 이해할 수가 없었던 것입니다.

시간이 없는 세계의 특징, 양자중첩

시간이 없는 시간이 흐르지 않는 세계에서는 양자의 동시성 말고 어떠한 일들이 벌어지는지 자세히 살펴봅시다.

오른쪽으로 회전할 수도 있고 왼쪽으로도 회전할 수 있는 갑이라는 입자가 시간이 흐르지 않는 상태에서 방향을 바꾸었다고 가정해 봅시다. 12시 정각이라는 시간에 시간이 흐르지 않는 상태에서 오른쪽으로 회전하던 을이 왼쪽으로 회전하였습니다. 시간이 흐르지 않는 상태이기 때문에 12시 정각에 다시 오른쪽으로 방향을 바꿀 수도 있습니다. 이때 을이라는 입자는 12시 정각에 오른쪽으로 회전한 것일까요? 왼쪽으로 회전하는 것일까요? 놀랍게도 을이라는 입자는 12시 정각에 오른쪽으로 회전했고 왼쪽으로도 회전한 것이 됩니다. 즉 동 시간에 두 가지 상태를 모두 가지게 됩니다. 이것이 바로 양자 중첩입니다.

0에서 1로 바뀌는 데 시간이 걸리지 않는다면 0과 1의 상태를 동시에 가지는 것입니다.

12시 정각에 "0"이던 양자가 시간이 흐르지 않는 상태에서 "1"로 바뀌었습니다. "1"로 바뀌었을 때에도 시간은 여전히 12시 정각입니다.

이 양자는 12시 정각에 "0"이기도 했고 "1"이기도 했습니다.

시간이 흐르지 않는 세계에서 을이라는 입자가 a에서 b라는 공간으로 이동했다고 가정해 봅시다. 12시 정각이라는 시간에 시간이 흐르지 않는 상태에서 a에서 b라는 공간으로 이동했습니다.

12시 정각 시간이 흐르지 않는 상태

시간이 흐르지 않는 상황에서 b에서 다시 a로 이동할 수도 있습니다.

이때 을이라는 입자는 12시 정각에 어느 공간에 존재한 것이 될까요? 신기하게도 12시 정각에 a와 b라는 공간에 모두 존재한 것이 됩니다. a와 b뿐만이 아니라 a와 b 사이의 모든 공간에 존재한 것이 됩니다. 즉 하나의 입자가 여러 공간에 동시에 존재하게 됩니다. 그렇기 때문에 두 개의 구멍을 동시에 통과할 수도 있습니다. 바로 파동의 성질입니다.

그리고 12시 정각에 갑이라는 입자의 정확한 방향, 을의 정확한 위치를 정의 내릴 수 있을까요?

이는 불가능합니다. a에도 존재했고 b에도 존재했습니다. 수학적으로 표현이 되자면 확률로 밖에는 표현이 되지 않을 것입니다. 12시 정각에 갑은 a와 b 사이에 99.9 프로의 확률로 존재한다.

이 경우에는 a-c까지에는 몇 프로의 확률로 존재한다.라고 밖에 표현하지 못할 것입니다.

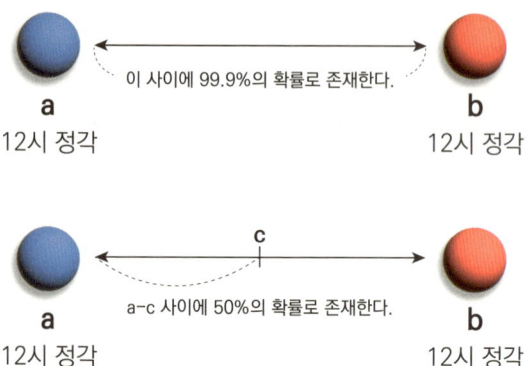

즉 시간이 없는 세계에서는 특정 시간에 어디 공간에 위치하는지는 오로지 확률로밖에 표현할 수 없습니다.

시간이 없는 세상에서 어떻게 특정 시간에 어느 공간에 존재하는지 표현할 수 있겠습니까? 특정 시간에 어느 공간에 있다. 를 표현하기 위한 첫 번째 조건은 시간과 공간이 존재하는 세상이어야 합니다.

> 특정 시간에 특정 공간에 존재한다를 확정할 수 있다는 생각 자체가
> 시간은 항상 흐르며 존재한다는
> 고정관념이 무의식 속에 깔려 있는 것입니다.

정리해 보자면

1. 시간이 흐르지 않는 세계에서는 동 시간에 하나의 입자가 여러 공간에 동시에 존재하는 것처럼 보이며 실제로 동시에 존재한다. 바로 파동의 성질이다. 또한 여러 가지 상태가 동시에 존재하는 중첩이 가능하다.
2. 시간이 흐르지 않는 세계에서는 입자의 위치는 오로지 확률로만 표현된다.
3. 양자얽힘에서 얽혀 있는 양자끼리 관측을 통해 상태가 결정되게 되면 공간의 거리에 상관없이 시간이 걸리지 않고 동 시간에 이루어진다.

이와 같은 특징을 가지게 됩니다.
그렇다면 이제 거시세계의 특징. 시간이 흐르는 세계의 특징을 살펴봅시다.

시간이 흐르는 세계의 특징

우리는 시간이 흐른다고 느끼고 있으며 시간의 흐름 속에서 살고 있으면 모든 행동에는 시간이 필요합니다. 우리가 사는 거시세계의 특징이 바로 시간이 흐르는 세계의 특징입니다.

첫 번째 속도라는 개념이 존재하며 특수상대성 이론에 의해서 빛보다 빠른 속도는 존재하지 않는다.
두 번째 입자가 공간을 이동하기 위해서는 반드시 시간이 소모된다. 그렇기 때문에 같은 시간에 여러 공간에 동시에 존재할 수 없다. (뒤에 나오겠지만 이중슬릿 실험에서 두 개의 구멍을 동시에 통과할 수 없다.) 예를 들어 12시 정각에 부산에서 서울로 출발한다면 12시 정각에 서울에 도착할 수 없다. 그러므로 12시 정각에 부산과 서울에 동시에 존재했다 할 수 없다.
세 번째 특정 시간에 정확한 위치를 공간에 표시할 수 있다. 공간을 이동하는 데 시간이 소비되기 때문에 "12시 정각에 부산에 위치한다.", "1시 정각에 서울에 위치한다."와 같이 정확한 위치를 계산하고 표현할 수 있다.
네 번째 공간을 이동하는 데 시간이 필요하며 동시에 중간 과정이 반드시 필요하다. 부산에서 서울로 이동을 할 때 부산에서 사라져서 서울에서 나타나는 것과 같이 중간 과정 없이 공간이동을 할 수 없다. 즉 양자도약과 같은 중간 과정이 없는 이동이 불가능하다.

시간이 흐르지 않는 세계 (결맞음의 양자의 세계)	거시 세계의 시간이 흐르는 세계 (결어긋남)
동시간에 하나의 입자가 여러 공간에 동시(同時)에 존재하는 것처럼 보이며 실제 동시에 존재한다. 바로 파동의 성질이다. 또한 여러 가지 상태가 동시에 존재하는 중첩이 가능하다.	입자가 공간을 이동하기 위해서는 반드시 시간이 소모된다. 그렇기 때문에 같은 시간에 여러 공간에 동시에 존재할 수 없다. 하나의 입자의 상태가 변화될 때 시간이 소모되기 때문에 동시간에 여러 상태를 가지는 중첩이 불가능하다. (국소성)
실제 여러 공간에 동시(同時)간에 존재하기 때문에 입자의 위치는 오로지 확률로만 표현된다. (불확정성)	공간을 이동하는데 시간이 소비되기 때문에 12시 정각에 부산에 위치한다. 1시 정각에 서울에 위치한다 와 같이 정확한 위치를 계산하고 표현할 수 있다.
양자얽힘에서 얽혀 있는 양자끼리 관측을 통해 상태가 결정되게 되면 공간의 거리에 상관없이 시간이 걸리지 않고 동시(同時) 간에 이루어진다. 1/0=10000/0=100/0은 모두 같다. 속도의 방정식에서 분모인 시간이 "0"이라면 분자인 공간은 의미가 없다. (비국소성)	속도라는 개념이 존재하며, 특수상대성 이론에 의해서 빛보다 빠른 속도는 존재하지 않는다. (국소성)
중간 과정이 없는 양자도약이 가능하다.	공간을 이동하는데 시간이 필요하며 동시에 중간 과정이 반드시 필요하다. 부산에서 서울로 이동을 할 때 부산에서 사라져서 서울에서 나타나는 것과 같이 중간 과정 없이 공간이동을 할 수 없다. 즉 양자도약과 같은 중간과정이 없는 이동이 불가능하다.

뒤에 양자의 특징에 대해 자세히 알아보게 되는데 시간이 없는 세계의 특징이 양자의 특징과 정확하게 일치합니다.

또한 아인슈타인이 인정하지 않았던 양자의 특징과도 완벽히 일치합니다.

앞에 양자역학이 어렵고 아무도 이해할 수 없었던 이유가 우리가 보고 느끼는 거시세계의 움직임과 양자의 움직임이 달랐기 때문이라고 하였습니다.

그런데 위의 시간이 없는 세계의 특징이 거시세계의 움직임과 다른 양자의 움직임과 완벽히 일치합니다.

양자역학이 어렵고 아인슈타인이 반대한 이유가 바로 시간은 항상 흐른다는 고정관념을 가지고 양자의 움직임을 관찰하였기 때문입니다.

시간이 존재한다고 믿는 입장에서 시간이 존재하지 않는 세계를 관찰하니 그 움직임을 이해할 수 없었던 것입니다.

사실 양자역학이 발전하는 과정을 통해 양자의 움직임을 기술하고 어떤 점을 과학자들이 설명하지 못하는지 충분히 서술한 뒤에 위의 내용을 기술하는 것이 순서에 맞습니다.

하지만 그렇게 하면 책이 너무 재미가 없으며 이 책에서 말하고자 하는 주제가 너무 뒤에 나오게 됩니다.

양자역학의 발전 과정과 양자역학이 무엇인지 설명하는 책은 이미 무수히 많기 때문입니다. 이러한 상투적인 내용은 뒤에 다루겠습니다.

그래서 순서에 맞지 않을 수 있지만 이 책에서 주장하는 "시간을 통한 양자역학 해석"을 먼저 서술한 뒤에 양자역학의 발전 과정을 통해서 양자의 특징을 어떻게 알게 되었으며 무엇이 논란이 되었는지를 자세히 알아보겠습니다.

기존 양자역학에서 말하는 양자의 불확정성, 입자 파동이중성과 상호작용, 이중슬릿 실험의 결과, 코펜하겐 해석 등은 2장에서부터 그 양자의 특징이 밝혀지는 과정과 그 특성을 자세히 설명하겠습니다. 또한 양자의 어떠한 성질이 논란이 되었으며 지금까지 그 이유를 설명하지 못하는 특성이 무엇인지도 서술하겠습니다.

그렇다면 거시세계의 시간은 언제 탄생하는 것일까?

앞에서 시간이 흐르지 않는 세계의 특징과 시간이 흐르는 세계의 특징을 살펴보았습니다. 그렇다면 그 경계가 무엇일까요? 존재하지 않던 시간이, 흐르지 않던 시간이 흐르며 시간이 탄생하는 순간이 과연 언제일까요? 과연 시간을 탄생시키며 시간을 흐르게 하는 것은 무엇일까요?

그 해답이 너무나도 달라 보이는 거시세계와 양자세계를 나누는 기준이 될 것이며 동시에 "시간이 무엇인가?"에 대한 해답이 될 수도 있습니다.

존재하지 않던 시간이 탄생하는 순간을 어떻게 알 수 있을까요?

바로 시간이 없는 세계의 특징이 사라지고 시간이 흐르는 세계의 특징이 나타나는 그 순간의 조건을 실험을 통해 찾으면 됩니다.

시간이 없는 세계와 시간이 존재하는 세계의 가장 큰 차이점은 하나의 입자가 동시에 여러 가지 상태를 가지는 중첩이 가능하냐 가능하지 못하냐입니다.

시간이 없는 세계에서는 양자가 동시에 여러 상태를 가질 수 있습니다. 즉 양자중첩이 가능합니다. "0"에서 "1"로 바뀌는데 시간이 걸리지 않는다면 0과 1의 상태를 동시에 가지는 것입니다.

시간이 있는 세계에서는 양자가 동시에 여러 상태를 가질 수 없습니다. 즉 양자중첩이 불가능하며 특정시간에 하나의 상태만을 가질 수 있습니다. "0"에서 "1"로 바뀌는데 시간이 소모된다면 0과 1의 상태를 동시에 가질 수 없습니다.

동시에 여러 가지 상태를 가지는 양자중첩이 붕괴되어 동 시간에 하나의 상태만을 가지게 되는 그 조건을 실험을 통해 찾으면 됩니다.

그 조건이 바로 시간이라 말할 수 있습니다.

그 조건이 바로 존재하지 않던 "0"이던 시간이 탄생하는 순간이며 시간이 흐르는 순간이기 때문입니다.

과학자들은 무수히 많은 실험을 통하여 그 조건을 찾아냈습니다.

그 조건은 바로 다른 양자와의 상호작용입니다. 물리학 용어로는 "결어긋남"입니다. 앞에 양자얽힘의 실험에서 0과 1로 중첩된 양자가 중첩이 붕괴되고 하나로 확정되는 순간은 그 양자를 관찰할 때라고 하였습니다.

> 양자 얽힘 실험에서 양자는 0과 1의 상태를 동시에 가지는 중첩상태에 있다가 0인지 1인지 확인하는 순간 하나로 0 또는 1로 확정된다고 하였습니다.
>
> 과학자들은 여러 실험을 통하여 양자의 중첩이 붕괴되고 하나로 확정되는 순간은 양자를 관찰할 때뿐만 아니라 그 양자가 자신을 제외한 다른 양자와 부딪쳐서 상호작용 할 때라는 것을 실험을 통해 밝혀냈습니다. 관찰하기 위해서는 상호작용 없이는 불가능하기 때문입니다. 우리가 어떠한 사물을 보기 위해서는 빛이 그 사물을 때리고 반사된 빛을 보는 것입니다. 관찰 또한 상호작용 현상의 하나입니다.

즉 상호작용의 유무에 따라 시간이 흐르는 세계와 시간이 흐르지 않는 세계가 구분이 됩니다

> **결어긋남(decohernce)**
>
> 한 양자계가. 그 자체만으로 간섭 현상을 일으킬 수 있는 결맞음을, 외부와의 상호작용을 통하여 잃어버리는 것을 결어긋남이라고 합니다. 단일 파장으로 위상이 일정

하게 유지되는 파를 결맞음 파라고 합니다. 이 결맞음 파는 상쇄간섭과 보강간섭을 일으켜 이중슬릿 실험에서 상쇄간섭을 일으켜 간섭무늬를 만들어냅니다. 즉 입자들끼리 상호작용을 하게 되면 결맞음이 붕괴되고 결어긋남의 상태가 되며 이때에 입자의 성질을 가지게 됩니다. 정확하게는 "결맞음 상태의 한 양자계를 결어긋남의 상태로 만들 수 있는 외부와의 상호작용"이 중첩이 사라지고 하나로 확정되는 조건이라 표현할 수 있습니다. 그런데 결어긋남을 일으키기 위해서는 다른 양자와의 상호작용이 반드시 필요하기 때문에 상호작용이 그 조건이 된다.라고 쉽게 줄여 표현하였습니다. 양자역학을 설명할 때 결어긋남을 쉽게 이해시키기 위하여 물리학자들이 흔히 상호작용이라고 표현하기 때문에 큰 문제는 없을 거 같습니다.

하지만 정확한 표현은 "상호작용이 시간이다." 가 아니라 "결어긋남이 시간이다." 가 맞습니다.

상호작용이 결어긋남을 일으키고 결어긋남이 일어났을 때 중첩은 붕괴되고 시간이 흐르는 세계의 특징이 나타납니다.

상호작용 ⇒ 결어긋남 ⇒ 중첩붕괴

그런데 상호작용 중에서 결어긋남을 일으키지 않는 상호작용도 많이 있습니다. 밑에 몇 가지 예를 적어 놓겠습니다.

이 책에서 말하는 "상호작용이 시간이다."에서 상호작용은
결어긋남을 일으키는 상호작용에 국한된 것입니다.

"결어긋남을 일으키는 상호작용이 시간이다." 이게 더 정확한 표현입니다.

비전공자 입장에서 쉽게 받아들이게 하기 위하여 책 제목은 "상호작용이 시간이다."

로 정하였습니다.

또한 상호작용의 범위가 중요합니다.

하나의 입자가 중첩의 성질을 유지하기 위해서는 자신을 제외한 전 우주의 모두와 상호작용을 하지 않아야 합니다. 즉 어느 한 양자가 다른 양자와 접촉하게 된다면 중첩은 붕괴되며 하나의 상태로 확정됩니다. 그렇기 때문에 양자중첩 상태를 유지하기 위해서는 최대한 진공상태로 만들어 그 양자를 제외한 어떠한 입자도 없게 만들어야 양자 중첩 상태를 유지하게 됩니다.

양자를 관찰하기 위해서는 그 양자와 상호작용을 반드시 하여야 합니다. 그렇기 때문에 양자가 1인지 0인지 확인하는 순간 중첩이 붕괴되어 하나로 확정되는 것입니다. 관찰 또한 상호작용 없이는 불가능하기 때문입니다. 즉 하나의 입자가 자신을 제외한 다른 입자와 만나게 되어 결어긋남이 일어나면 시간이 없는 세계의 특징인 중첩이 사라지고 시간이 흐르는 세계의 특징인 하나의 입자는 하나의 상태만을 가지게 됩니다.

양자얽힘 실험은 사실 시간이 무엇인지 우리에게 가르쳐 주는 실험이지 않았나 개인적으로 생각해 봅니다.

"상호작용이 시간입니다." 정확히는 "결어긋남이 시간입니다"

영어로 "decoherence is time"입니다.

지금까지 수많은 실험에 의하면 중첩과 같은 시간이 없는 세계의 모든 특징이 사라지며 시간이 흐르는 세계의 특징이 나타나는 순간은 상호작용이 유일합니다. 거시세계의 우리가 시간이 있다고 느끼는 이유가 바로 이 때문입니다. 우리는 상호작용 속에서 살고 있습니다. 상호작용 없이는 볼 수도 먹을 수도 없습니다. 늙을 수도 없으며 죽을 수도 없습니다. 생각도 할 수 없습니다. 물리학 실험 또한 할 수 없습니다.
상호작용 속에서 모든 것이 이루어지기 때문에 시간은 항상 흐르고 존재한다고 믿어왔던 것입니다.

이중슬릿 실험과 시간

같은 내용을 이중슬릿 실험에 적용하여 설명해 보겠습니다. 이는 뒤에 자세히 나오지만 독자들이 가장 궁금해하는 내용이 바로 이중슬릿 실험결과에 대한 해석이기 때문에 뒤에 내용과 중복되지만 여기에서 간단히 언급하겠습니다. 이 내용은 뒤에 자세히 다루게 됩니다.
위에 서술 방식을 그대로 사용하여 이중슬릿 실험을 서술해 보겠습니다.

   존재하지 않던 시간이 탄생하는 순간을 어떻게 알 수 있을까요?

바로 시간이 없는 세계의 특징이 사라지고 시간이 흐르는 세계의 특징이 나타나는 그 순간의 조건을 실험을 통해 찾으면 됩니다.

시간이 없는 세계와 시간이 존재하는 가장 큰 차이점은 하나의 입자가 동시에 여러 공간에 존재하느냐 존재하지 못 하느냐입니다.
시간이 없는 세계에서는 양자가 동시에 여러 공간에 존재할 수 있습니다.
시간이 있는 세계에서는 양자가 동시에 여러 공간에 존재할 수 없습니다.
동시에 여러 공간에 존재하는 특성이 사라져서 동 시간에 하나의 공간에만 존재하는 그 순간의 조건을 실험을 통해 찾으면 됩니다.
그 조건이 바로 시간이라 말할 수 있습니다.

그 조건이 바로 존재하지 않던 "0"이던 시간이 탄생하는 순간이며 시간이 흐르는 순간이기 때문입니다.

어떠한 입자가 동시에 여러 공간에 존재하는지 못하는지를 알아내는 실험은 의외로 간단합니다. 구멍 두 개를 뚫어 놓고 그 입자를 던져보면 됩니다.

만약 동시에 여러 공간에 존재한다면 구멍 두 개를 동시에 통과할 수 있을 것입니다. 구멍 두 개를 동시에 통과하면 특정 간섭무늬를 만들어 냅니다. 바로 파동의 성질입니다.

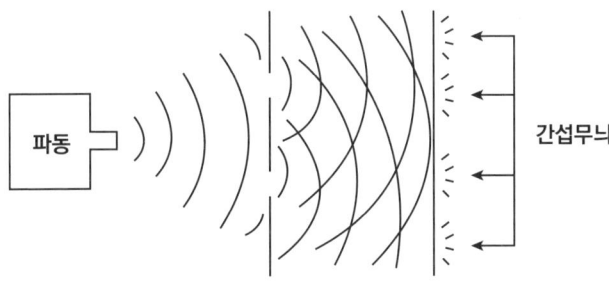

동시에 여러 공간에 존재하지 못한다면 구멍 두 개를 동시에 통과할 수 없으며 하나의 구멍만 통과할 수 있습니다.

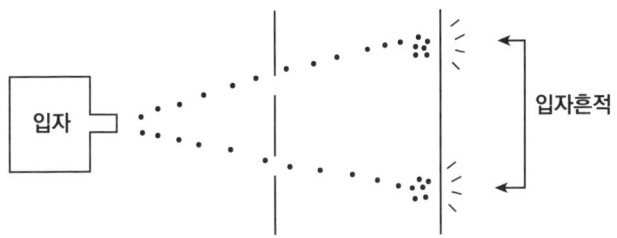

바로 그 유명한 이중슬릿 실험입니다.

여러 실험을 통하여 과학자들은 그 단 하나의 조건을 알아냈습니다.

그 조건은 바로 상호작용입니다. 물리학 용어로는 "결어긋남"입니다.

어떠한 입자가 다른 입자와 상호작용을 하지 않는다면 그 입자는 구멍 두 개를 동시에 통과하여 간섭무늬를 만들어 냅니다.

이때 이 입자가 어떻게 두 개의 구멍을 동시에 통과했는지 알기 위해 관측하는 순간 입자는 하나로 확정되어 하나의 구멍만 통과하게 됩니다.

여기에서 과학자들은 여러 실험을 통하여 관측뿐만이 아니라 하나의 양자가 자신을 제외한 어떠한 물질과 상호작용을 하는 순간 중첩이 붕괴되어 하나로 확정되어진다는 것을 밝혀냈습니다.

관측 또한 상호작용 없이는 불가능합니다.

즉 상호작용을 하지 않으면 시간이 없는 세계의 특징인 여러 공간에 동시에 존재하게 되며 상호작용을 하는 순간 시간이 없는 세계의 특징이 사라지고 시간이 흐르는 세계의 특징인 하나의 입자는 하나의 공간에만 존재하게 됩니다.

상호작용의 유무에 따라 시간이 흐르는 세계와 시간이 흐르지 않는 세계가 구분이 됩니다.

이중슬릿 실험은 사실 시간이 무엇인지 우리에게 가르쳐 주는 실험이지 않았나 개인적으로 생각해 봅니다.

"상호작용이 시간입니다."

물리학 용어로 설명하자면 결어긋남이 시간입니다. 영어로 "decoherence is time"입니다.

위의 내용은 유튜브 채널 "자연과 과학"에 동영상으로 설명되어 있습니다.
동영상 제목은 "시간을 통한 양자얽힘 해석"입니다. 검색하여 보시면 이해하는 데 더 도움이 되실 겁니다.

양자중첩이 가능한 한계 - 슈뢰딩거의 고양이는 불가능하다.

양자의 세계에서는 시간이 흐르지 않는 세계이기 때문에 동시에 여러 가지 상태를 가지는 양자 중첩이 가능하다고 했습니다.
그렇다면 어느 상태까지 중첩이 가능할까요?
모든 상태를 중첩시킬 수 있을까요?
슈뢰딩거의 고양이처럼 살아있는 고양이와 죽어있는 고양이가 중첩될 수 있을까요? 결론부터 말하자면 이는 불가능합니다.
중첩이 가능한 상태는 결어긋남을 일으키지 않는 한도 내에서만 중첩이 가능합니다.
중첩이라는 것은 시간이 흐르지 않는 환경에서 상태가 변화하였을 때 가능합니다. 예를 들어 오른쪽으로 회전하는 전자를 결어긋남을 일으키지 않고 왼쪽으로 회전시킬 수 있다면 동 시간에 오른쪽으로도 회전했고 왼쪽으로도 회전하는 중첩이 가능합니다.
오른쪽으로 회전하는 전자를 왼쪽으로 회전시킬 때 강한 상호작용으로 인하여 결어긋남이 일어난다면 이때 시간이 탄생하며 시간이 흐르게 되고 왼쪽으로 회전할 때 빛보다 빠른 속도로 방향 전환을 할 수 없습니다. 그러므로 동 시간에 오른쪽과 왼쪽으로 회전한 것이 아니게 됩니다. 시간이 흐르지 않는 상태에서 갑이라는 사람이 앉았다가 일어났습니다. 그렇다면 이 사람은 동 시간에 앉은 상태와 서 있는 상태를 동시에 가지는 중첩 상태가 되겠지만 이는 불가능합니다. 상호작용에 의해 결어긋남이 일어나는 순간 시간이 탄생하게 되어 중첩이 붕괴됩니다. 그런데 앉았다가 일어나기 위해서는 상호작용에 의한 결어긋남이 반드시 필요합니다. 그렇기 때문에 앉았다가 일어서는 순간 시간이 탄생하게 되고 앉아 있는 상태와 서 있는 상태의 중첩은 불가능합니다.
갑이라는 양자가 a의 상태와 b의 상태를 동시에 가지기 위해서는 a의 상태에서 b의 상태로 변화될 때 상호작용에 의한 결어긋남을 일으키지 않고 변화되어야

a와 b의 상태를 동시에 가지는 중첩이 가능합니다.

결어긋남을 일으키는 상호작용이 없이 변화된 상태만 중첩이 가능한 것입니다. 그렇기 때문에 중첩이 가능한 상태는 많은 한계가 존재합니다.

결어긋남을 일으키지 않고 상태를 변화시키기에는 많은 한계가 있기 때문입니다. 슈뢰딩거의 고양이가 살아 있는 상태와 죽은 상태를 중첩시킬 수 없는 이유가 여기에 있습니다. 살아있는 고양이를 죽이기 위해서는 고양이와의 상호작용이 필수적이며 결어긋남이 반듯이 발생하기 때문입니다. 그 순간 시간은 흐르게 되며 살아있는 고양이와 죽어있는 고양이 사이에는 시간 간격이 존재하게 되며 이는 중첩이 아닌 것입니다.

만약 살아있는 고양이를 결어긋남을 일으키는 상호작용 없이 죽일 수 있다면 가능하지만, 이는 생물학적으로 완전히 불가능합니다.

양자가 중첩이 가능하다고 하여 모든 상태를 중첩시킬 수 없습니다.

상태를 변화시켜 여러 가지 상태를 동시에 가지는 중첩을 만들기 위해서는 상호작용이 필요할 수 있습니다. 하지만 대부분의 상호작용은 결어긋남을 일으켜 중첩을 붕괴시키게 됩니다.

하지만 상호작용 중에서 결어긋남을 일으키지 않는 상호작용도 있습니다.

상호작용 중에서 결어긋남을 일으키지 않고 변화된 상태까지만 중첩이 가능합니다. 정리하자면 중첩은 결어긋남을 일으키지 않고 양자가 자신의 상태를 바꾼 만큼만 중첩이 가능합니다. 만약 하나의 양자를 0에서 1로 결어긋남을 일으키지 않고 변화시키고 다시 결어긋남을 일으키지 않고 2로 변화시키고 다시 결어긋남 없이 3으로 변화시킨다면 이 양자는 "0", "1", "2", "3"의 4가지 상태를 동시에 가지게 될 것입니다.

시간이 흐르지 않는 상태에서 변화된 모든 상태는 중첩됩니다. 중첩이 "결어긋남이 시간이다."라는 주장의 강력한 실험적 증거라 생각합니다.

결어긋남을 일으키지 않는 상호작용의 예
이 경우 중첩을 붕괴시키지 않고 시간이 흐르지 않는 상태가 유지된다.

양자 얽힘 상호작용 : 두 양자 입자가 서로 상호작용하여 얽힘 상태를 형성하더라도, 외부 환경과의 상호작용이 없다면 얽힘 상태는 결어긋남 없이 유지됩니다. 이 경우, 상호작용은 얽힘을 만들어내지만, 결어긋남을 발생시키지 않습니다.

유닛리 연산 : 양자 컴퓨팅에서 사용되는 유닛리 연산은 큐비트 간의 상호작용을 통해 논리 연산을 수행하지만, 이 과정에서 결어긋남을 유발하지 않고 양자 상태를 유지시킵니다. 상호작용은 있되, 결어긋남 없이 양자 상태를 유지할 수 있습니다.

측정되지 않은 상호작용 : 측정이 수반되지 않는 양자 상호작용은 중첩 상태를 유지할 수 있습니다. 즉, 상호작용이 발생해도 파동함수가 붕괴되지 않는 경우, 결어긋남이 발생하지 않습니다.
이러한 경우 결어긋남은 일어나지 않고 중첩 또한 붕괴되지 않습니다. 이러한 상호작용의 경우 시간을 만들지 않습니다.

상호작용이 항상 결어긋남을 유발하지 않는 이유

상호작용의 본질과 외부 환경과의 연결 여부에 따라 달라집니다. 결어긋남을 유발하는 상호작용은 주로 시스템과 외부 환경 사이의 상호작용에서 발생하는데, 이는 양자 시스템의 정보를 외부로 누출시키는 과정에서 나타납니다. 그러나 고립된 양자 시스템 내에서 상호작용이 발생하는 경우, 결어긋남 없이 양자 상태가 유지될 수 있습니다. 예를 들어 두 입자 간 상호작용이 외부 환경과 정보를 교환하지 않는다면, 이 상호작용은 양자 상태를 유지한 채 결어긋남을 일으키지 않습니다. 상호작용이 시스템 내부에서 일어나고, 외부 관찰이나 측정이 일어나지 않는다면, 중첩 상태가 유지될 수 있습니다.

2장

양자 세계의 특징

지금부터 양자세계의 특징을 자세히 알아보겠습니다. 사실 양자세계의 특징을 알아보고 난 뒤에 이를 시간의 유무로 설명하는 것이 순서에 맞지만 양자 세계의 특징 자체가 내용이 지루할 수 있으며 이미 많은 책에서 자세히 서술하고 있기 때문에 순서를 바꾸어 서술하였습니다.

입자, 파동 이중성

양자역학에서 가장 난해하며 고전 역학적으로 이해하기 힘든 부분이 바로 입자, 파동 이중성과 상호작용입니다.
입자 파동 이중성과 상호작용과 관련된 대표적인 실험이 그 유명한 이중슬릿 실험입니다. 이 실험에 대해서는 뒤에 자세히 다루겠습니다.
입자, 파동 이중성과 상호작용의 관계는 빛에 대한 연구에서 시작됩니다.
빛은 정말 신비한 존재입니다. 오늘날 많은 연구를 통해 빛의 본질에 대해 많은 부분이 밝혀졌지만, 과거의 고전 물리학자들에게 빛은 여전히 신비로운 존재였으며, 가장 흥미롭고 난해한 연구 대상 중 하나였습니다.

특수상대성 이론은 "빛은 상대속도가 존재하지 않고 항상 일정한 속도를 가진다."라는 빛의 속도와 관련된 특징에서 나오게 됩니다.

또한 양자역학의 탄생 또한 빛이 무엇인지 연구하면서 정립이 되고 발전하게 됩니다. 양자역학에서의 "양자" 라는 개념 또한 빛의 흑채복사 실험결과를 해석하는 과정에서 나오게 됩니다.

빛에 대한 여러 특이한 실험 결과와 연구들이 상대성이론과 양자역학의 탄생에 지대한 영향을 끼치게 된 것입니다.

특히 빛의 속도와 관련하여 여러 가지 의문점과 특이한 점이 있습니다.

4가지로 정리해서 적어보자면

첫 번째 우주에서 가장 빠른 물질이다. 빛보다 빠를 수가 없다.

두 번째 우주에서 가장 빠른 물질이라면 무한대의 속도여야 하는데 유한한 "c" 라는 속도를 가진다.

세 번째 빛은 상대속도가 존재하지 않으며 관찰자가 움직이는 상태이든 정지해 있는 상태이든 누구에게나 항상 c 라는 일정한 속도를 가진다.

네 번째 속도에 영향을 끼치는 요소 중 하나가 에너지 이다. 에너지를 가하게 되면 물체의 속도는 증가한다. 당연히 빛 또한 에너지를 가지고 있으며 빛마다 가지고 있는 에너지가 다르다. 하지만 빛은 에너지의 크기에 상관없이, 빛의 종류에 상관없이 모두 항상 c 라는 일정한 속도를 가진다. 즉 에너지가 속도에 영향을 끼치지 못한다. 이는 빛이 유일하다.

이 속도와 관련된 네 가지 특이점은 4장에서 그 이유를 상세히 설명하도록 하겠습니다.

빛의 신비는 속도에만 국한된 것이 아닙니다.

수 백년 동안 논란이 되었던 것은 빛이 입자이냐. 파동이냐입니다.

빛이 입자인지 파동인지를 연구하면서 점차 다른 물질로까지 확대되어 전자와 여러 양자의 입자와 파동 이중성이 밝혀지게 됩니다.

입자와 파동
입자란 흔히 형태를 가지며 물리적으로 만지고 집을 수 있는 물질을 말합니다. 총알이나 공처럼 만지고 던질 수도 있는 물질을 말합니다.

입자 (Particle)
위치 : 공간의 특정 지점을 차지합니다.
속성 : 질량, 속도, 운동량 등 고유의 물리적 속성을 가집니다.
고전역학 : 위치와 운동량이 동시에 정확히 측정 가능합니다.

축구공   야구공

파동(Wave)
파동이란 매질 내의 한 점에서 생긴 매질의 운동 상태가 매질을 통하여 규칙적으로 퍼져 나가는 것을 파동이라고 합니다.

개념
파동은 공간과 시간에 걸쳐 에너지를 전달하는 진동 또는 요동입니다. 파동은 매질을 통해 전달될 수 있으며, 매질의 이동을 동반하지 않고 에너지만 전달합니다.

주요 특징

진폭 (Amplitude) : 파동의 최대 변위.

파장 (Wavelength) : 파동의 한 주기 길이.

주파수 (Frequency) : 단위 시간당 발생하는 파동의 주기 수.

위상 (Phase) : 파동의 특정 지점의 상태를 나타내는 각도.

종류

기계적 파동 : 매질을 통해 전달 (예 : 소리, 물결).

전자기 파동 : 매질 없이 전달 (예 : 빛, 전파).

파동의 성질

간섭 (Interference): 두 파동이 만나 합쳐지는 현상.

회절 (Diffraction): 파동이 장애물을 만나 휘어지는 현상.

반사 (Reflection): 파동이 경계면에서 반사되는 현상.

굴절 (Refraction): 파동이 매질을 통과하면서 굴절되는 현상 파동은 우리 주위에서 흔히 발견됩니다. 예를 들어 음악이 연주될 때 악기에 의해 주위의 공기가 흔들리고 이 흔들리는 공기의 에너지가 다시 주변 공기를 진동시키며 퍼져나가 우리 귀까지 전달됩니다. 이러한 공기의 흔들림을 우리는 "소리"라고 합니다. 소리가 대표적인 파동의 일종입니다.

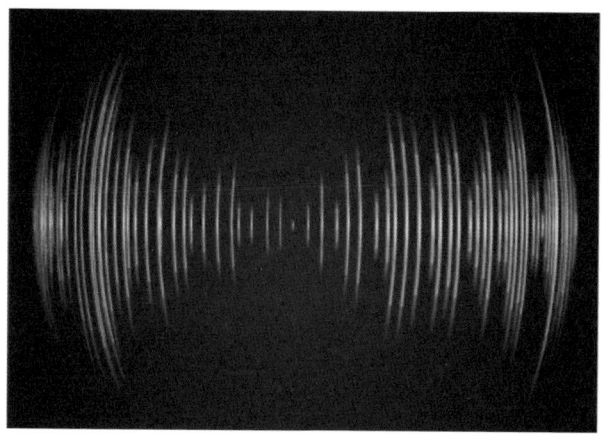

또한 눈으로 볼 수 있는 대표적인 파동이 물결파입니다. 잔잔한 호수에 돌을 던지게 되면 물결파가 일어나면서 퍼져나가는 것을 보셨을 겁니다. 이것이 대표적인 파동의 형태입니다.

이때 파동을 전달해주는 물질을 매질이라고 하는데 소리의 경우 공기가 매질을 역할을 하여 공기의 진동으로 인하여 전파되어 나갑니다.
물결파의 경우는 물이 매질이 됩니다.
어떠한 물질이 입자이냐 파동이냐는 거시세계에서는 쉽게 확인이 가능합니다. 사람이나 동물과 같이 형태를 가지고 있는 물질은 입자입니다. 소리나 물결파, 등은 파동입니다.
그렇다면 입자와 파동의 차이점 2가지만 알아봅시다.
간단하게 입자는 야구공을 생각하시고 파동의 물결의 파동을 생각하시면 됩니다.
첫 번째 차이점은 입자는 동시에 여러 공간에 존재할 수 없으며 하나의 공간에만 존재 하지만 파동은 동시에 여러 공간에 존재할 수 있습니다.
파동의 가장 큰 특징은 동 시간에 여러 공간에 존재할 수 있다는 것입니다. 물결파를 보면 하나의 파가 여러 곳에 동시에 존재하는 것을 알 수 있습니다.

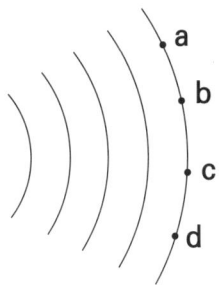

a,b,c,d 모두에 동시에 존재한다.
물결파가 a와 b지점에 동시에 도달

소리 또한 마찬가지입니다. 동시에 여러 곳에 전달되기 때문에 한 명이 소리를 냈을 때 여러 명이 동시에 들을 수 있습니다.

하지만 야구공과 같은 하나의 입자는 동시에 여러 공간에 존재할 수 없습니다. 야구공 하나를 던져 두 개의 구멍에 동시에 넣을 수는 없습니다.

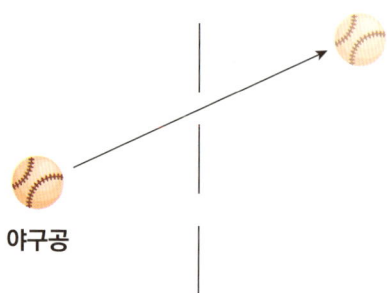

하나의 야구공이 구멍 2개를 동시에 통과할 수 없다.

하나의 야구공이 분신술을 쓰듯이 두 개가 될 수 없습니다.

두 번째 차이점은 파동은 간섭 현상을 가진다는 것입니다.

간섭 현상의 두 개의 파동이 같은 공간에서 만나게 될 때 두 개의 파동이 합쳐져서 "중첩"되게 되는데 서로의 파동에 의해 파동이 커지거나 작아지는 현상을 말합니다.

간섭

입자는 동 시간에 같은 공간에 존재할 수 없지만 물결파나 소리와 같은 파동은 2개 이상의 파동이 같은 공간과 시간에 존재할 수 있습니다. 이때 서로에게 영향을 끼치게 되는 것이 간섭 현상입니다.

간섭에는 보강간섭과 소멸간섭이 있습니다. 보강간섭은 두 개의 파동이 만나 겹쳐졌을 때 두 파동의 변위의 방향이 같아서 파동의 강도가 커지는 현상입니다. 같은 변위끼리 만나게 되면 당연히 서로 같은 방향으로 힘이 작용하기 때문에 파가 더 커지게 됩니다.

소멸간섭은 간섭하는 두 파동의 변위의 반향이 반대여서 중첩되기 전보다 파가 더 작아지는 간섭입니다.

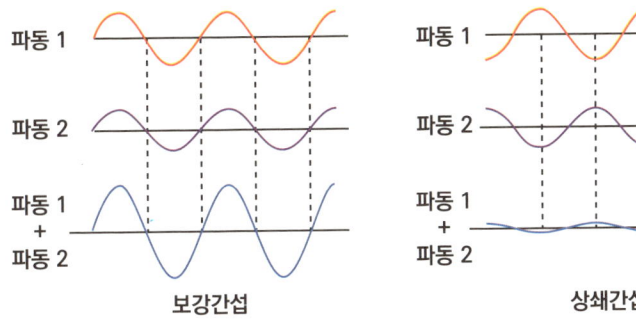

예를 들면 물결파에서 두 개의 물결이 만나게 되면 어떤 곳은 더 파가 커지고 어떤 곳은 파가 더 작아지는 것을 관찰할 수 있습니다.

입자와 파동의 차이점을 알아야 하는 이유는 어떠한 물질이 입자인지 파동인지 궁금할 때 위의 차이점을 이용하면 되기 때문입니다.

빛이 입자인지 파동인지 아는 방법 또한 마찬가지입니다. 빛이 입자라면 동 시간에 여러 공간에 존재할 수 없고 파동의 간섭 현상도 없을 것입니다. 만약 파동이라면 동 시간에 여러 공간에 존재하며 간섭 현상 또한 일으키게 될 것입니다.

입자인지 파동인지 알 수 있는 가장 간단한 실험
– 이중슬릿 실험

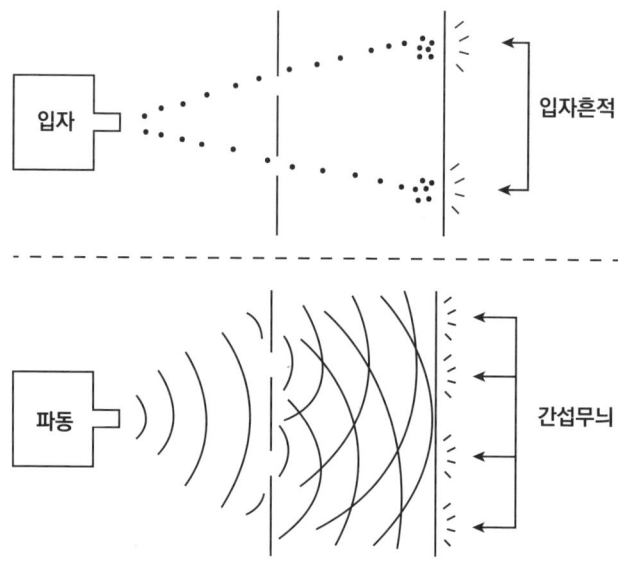

어떠한 물질이 입자인지 파동인지 감별할 때 가장 명확하고 간단한 방법입니다.
실험은 간단합니다.

그림에서와 같이 구멍 두 개를 뚫어 놓고 입자인지 파동인지 궁금한 물체를 던져 보면 됩니다.

만약 입자라면 구멍 두 개중 하나의 구멍만 통과하여 이중슬릿 뒤에 부딪치게 됩니다. 입자라면 그림과 같이 이중슬릿 뒤에 있는 판 중 두 군데에서만 입자가 부딪치게 될 것입니다.

만약 파동이라면 파동의 특징인 여러 공간에 존재할 수 있는 특성 때문에 구멍 두 개를 동시에 통과하게 됩니다. 그리고 구멍 두 개를 통과한 파동이 서로 간섭 현상을 일으켜 뒤에 있는 판에 특정 간섭무늬를 만들어 냅니다.

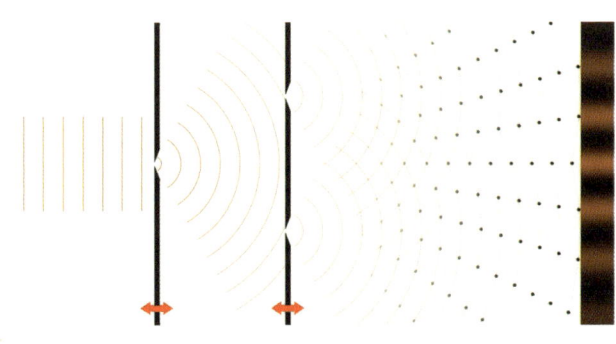

파동의 그림

빛의 이중슬릿 실험 결과

빛이 입자인지 파동인지 아는 방법은 간단합니다. 빛을 이중슬릿에 발사해보면 됩니다. 1801년 토마스 영이 이중슬릿 실험을 통해 빛이 여러 공간에 동시에 존재하여 이중슬릿 구멍 두 개를 동시에 통과하면서 파동의 간섭 무늬를 만들어 내는 것을 확인했습니다.

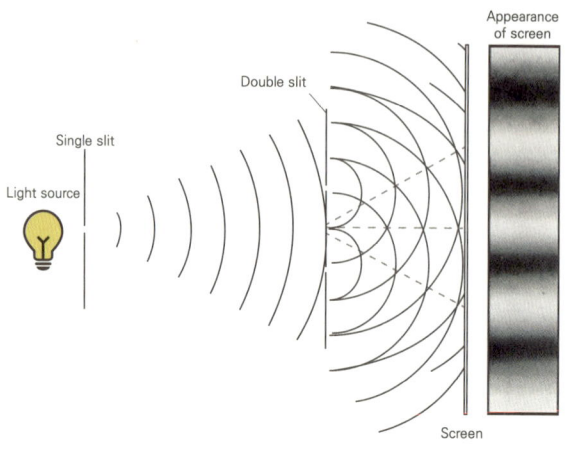

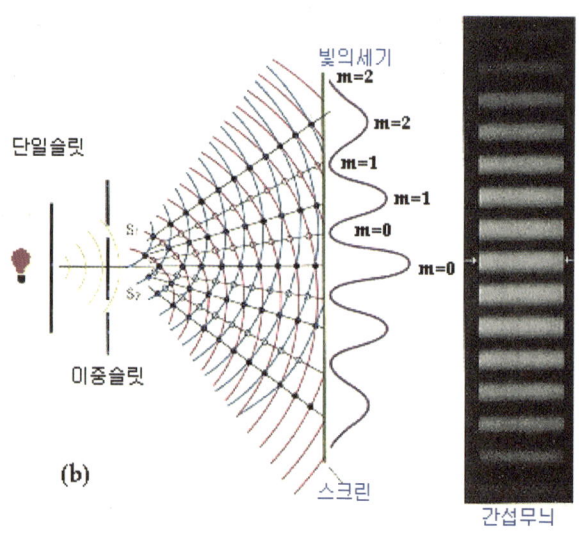

빛의 이중슬릿 그림

또한 1865년 맥스웰의 맥스웰 방정식에 의해 빛이 전자기파라는 것이 수학적으로 증명되었습니다. 그 이후로 빛은 파동으로 받아들여졌습니다.

아인슈타인의 등장과 빛의 이중성

빛이 파동이라는 것이 완벽히 밝혀졌습니다. 빛이 입자냐 파동이냐의 논쟁은 끝이 난 것처럼 보였습니다.

그런데 빛과 관련된 실험을 하던 중 빛이 파동이라면 이해할 수 없는 실험 결과가 나왔습니다.

1887년 하인리히 헤르츠가 빛의 일종인 자외선이 금속 표면에 닿을 때 전자가 방출되는 현상을 처음으로 관찰하였습니다.

이후 필립 레나르트(Philipp Lenard)가 1902년에 헤르츠의 실험을 더 정교하게 발전시켰습니다. 레나르트는 금속에 닿은 빛의 진동수와 방출된 전자의 에너지가 밀접하게 관련이 있다는 사실을 발견하게 되는데 그 결과가 너무나도 이상했습니다.

이 부분은 아인슈타인이 광전효과를 통하여 빛이 입자의 성질을 동시에 가진다는 것을 증명하는 과정입니다. 굳이 안 읽으셔도 되며 이 과정을 통하여 빛이 입자의 성질을 동시에 가진다 라는 것을 증명하였다 정도만 알고 있어도 됩니다.

1. 전자의 방출이 빛의 세기와 무관

고전적인 파동 이론에 따르면, 빛의 세기가 증가하면 전자의 방출이 더 많이 일어나야 합니다. 왜냐하면 파동의 세기는 파동의 에너지가 얼마나 강한지를 나타내기 때문입니다. 그러나 실험 결과는 빛의 세기가 아무리 강해도 진동수가 특정 값(임계주파수)보다 낮으면 전자가 전혀 방출되지 않는다는 점을 보여주었습니다. 즉, 빛의 세기와 상관없이 전자가 방출되기 위해서는 진동수가 충분히 높아야 했습니다.

2. 전자의 에너지가 빛의 진동수에 비례

고전적인 파동 이론에 따르면, 빛의 에너지는 파동의 세기와 연관되어 있으므로, 높은 세기의 빛은 더 큰 에너지를 전달할 수 있어야 합니다. 그러나 실험 결과에 따르면, 튀어 나오는 전자의 운동 에너지는 빛의 세기가 아니라 빛의 진동수에 비례한다는 사실이 밝혀졌습니다.

3. 즉각적인 전자 방출

파동 이론에 따르면, 금속 표면에 빛이 닿으면 일정 시간 동안 에너지가 누적되어야 전자가 방출될 수 있을 것입니다. 그러나 실험에서 관찰된 것은 빛이 금속에 닿자마자 전자가 즉시 방출된다는 점입니다. 이는 빛이 에너지를 연속적으로 전달하는 파동이라면 불가능한 일이었습니다.

4. 일함수의 존재

전자가 방출되기 위해서는 금속 표면에서 탈출하는 데 필요한 최소한의 에너지가 필요합니다. 이를 일함수라고 합니다. 만약 빛이 파동이 맞다면 빛의 세기(에너지)가 충분히 크기만 하면 전자를 방출할 수 있어야 합니다. 그러나 실험적으로 확인된 결과는, 특정 진동수 이상의 빛만이 전자를 방출할 수 있다는 것입니다.

이러한 실험 결과는 기존 빛에 대한 상식과는 상반되는 내용이었으며 그동안의 이론으로는 이 현상을 설명할 수 없었습니다.

이때 등장한 과학자가 바로 아인슈타인입니다.

위에 실험 결과는 빛이 파동이라면 나올 수 없는 결과입니다. 이를 설명하기 위해서는 고정관념을 벗어난 발상의 전환이 필요했습니다. 파동으로 설명할 수 없다면 "빛은 파동이기도 하지만 동시에 입자이지도 않을까?"라는 획기적인 아이디어 였습니다. 이 아이디어를 집어 넣으니 위에 4가지 설명되지 않던 모든 현상들이 설명되었습니다.

1. 빛의 양자화(Quantumization of Light)

아인슈타인은 빛이 연속적인 파동이 아니라, 에너지가 양자화된 입자, 즉 포톤(광자)으로 이루어져 있다고 제안했습니다. 각 포톤의 에너지는 다음과 같은 식으로 주어진다고 했습니다.

$$E = h\nu$$

여기서 E는 포톤 하나의 에너지, h는 플랑크 상수($h \approx 6.626 \times 10^{-34} J \cdot s$), ν는 빛의 진동수입니다. 이 식은 빛의 에너지가 진동수에 따라 결정된다는 것을 나타냅니다.

2. 광전효과의 발생 메커니즘

아인슈타인은 금속 표면에 빛이 입사할 때, 포톤(광자)이 금속 표면의 전자와 충돌하면서 에너지를 전달한다고 설명했습니다. 만약 포톤의 에너지가 충분히 크다면, 이 에너지가 전자를 금속 표면에서 방출시킬 수 있습니다. 포톤의 에너지가 금속의 전자에 전달될 때, 전자가 금속을 탈출하기 위해서는 특정한 에너지, 즉 일함수(ϕ)가 필요합니다. 포톤의 에너지가 일함수보다 크면, 남은 에너지는 전자의 운동 에너지로 전환되어 전자가 금속 표면에서 방출됩니다. 이 과정은 다음과 같은 에너지 보존 방정식으로 표현됩니다

$$E_k = h\nu - \phi$$

여기서, E_k는 방출된 전자의 최대 운동 에너지, $h\nu$는 입사된 빛의 포톤 에너지,

ϕ는 금속의 일함수입니다.

3. 빛의 주파수와 전자 방출의 관계

아인슈타인의 이론에 따르면, 포톤 하나의 에너지는 빛의 진동수에 비례하므로, 진동수가 충분히 높아야만 전자가 방출될 수 있습니다. 이로 인해 진동수가 특정 임계값 이하인 경우에는 아무리 빛의 세기가 강해도 전자가 방출되지 않는다는 점이 설명됩니다. 이는 고전적인 파동 이론으로는 설명할 수 없는 현상입니다.

4. 광전효과 실험 결과의 설명

아인슈타인의 이론은 다음과 같은 실험적 결과를 성공적으로 설명했습니다.

즉각적인 전자 방출 : 빛이 금속에 닿자마자 전자가 방출되는 현상은 포톤 하나가 전자 하나와 직접적으로 상호작용하여 에너지를 전달하기 때문입니다.

최소 진동수 조건 : 진동수가 일함수에 해당하는 에너지보다 낮으면 전자가 방출되지 않으며, 이는 포톤의 에너지가 전자를 방출하기에 충분하지 않기 때문입니다.

빛의 세기와 전자 방출의 무관성 : 빛의 세기가 크다는 것은 광자의 수가 많다는 것입니다. 즉 빛의 세기는 광자의 숫자를 의미하며 광자가 입자임을 의미하기도 합니다. 아무리 광자의 숫자가 많다고 하더라도 그 광자의 진동수, 즉 에너지가 일함수보다 작다면 전자를 방출할 수 없습니다. 입자는 파동과 달리 에너지가 축적되지 않기 때문입니다. 대신 전자를 방출시킬 수 있는 진동수를 가진 광자의 세기는(광자의 숫자) 뛰어나오는 전자의 숫자와 비례합니다. 광자가 많을수록 더 많은 전자와 상호작용하여 전자를 뛰어나오게 할 수 있기 때문입니다.

빛은 파동이자 동시에 입자였던 것입니다.

빛의 이중성입니다.

어떻게 하나의 물질이 입자이자 파동일 수 있을까요?

이 책을 다 보고 나면 이해가 되실거라 믿습니다. 일단 여기에서는 입자와 파동의 이중성을 가진다는 사실만 알고 넘어가도 문제가 없을 것입니다.

아인슈타인은 이 광전효과를 통하여 빛이 파동이자 동시에 입자라는 것을 밝혀 노벨물리학상을 받습니다.

드브로이드 물질파

파동이라고 밝혀 졌던 빛이 동시에 입자의 성질도 가지고 있었습니다.

발상의 전환을 하여 그렇다면 우리가 입자로 믿고 있었던 물질 또한 파동의 성질을 가지는 것이 아닐까?

이러한 의문을 실제로 한 과학자가 있습니다. 드브로이드라는 과학자입니다. 드브로이드는 이 아이디어 하나로 37살에 노벨상을 받습니다.

빛에 국한되었던 이중성을 확대하여 전자와 같이 입자라고 생각했던 물질들도 이중성을 가지고 있을거라는 것에 착안하여 1924년 드브로이는 물질파 이론을 고안해 냅니다. 즉 입자라고 생각했던 물질들이 사실은 파동의 성질을 동시에 가지고 있다는 주장입니다.

1924년, 루이 드브로이는 모든 물질 입자가 파동 특성을 가질 수 있다는 "물질파" 이론을 제안했습니다.

입자의 파장은 $\lambda = \dfrac{h}{p}$ (여기서 h는 플랑크 상수, p는 운동량)으로 표현됩니다.

여기에서 플랑크 상수는 너무나도 작은 숫자이며 그에 비해 거시세계의 운동량은 상당히 큰 숫자입니다. 그렇기 때문에 파장이 짧을 수밖에 없으며 입자의 파동성을 관찰하기 어려운 이유가 되기도 합니다.

처음 드브로이의 논문이 나왔을 때 그의 지도 교수 또한 그 내용을 받아들이지 못하였습니다. 그래서 논문을 아인슈타인에게 보여주게 됩니다. 박사 논문을 검토한 아인슈타인은 "미친소리 같지만 사실로 보인다." 라고하며 그의 이론을 적극지지하고 막스플랑크등에 전달하였습니다. 이는 드브로이의 이론이 과학계에서 인정받고 알려지는 데 큰 도움이 되었습니다.

이제 이 이론이 맞는지 틀렸는지는 실험을 해 확인해 보면됩니다. 입자라 생각했던 전자가 파동의 특징인 회절이 나타나는지, 이중슬릿 실험에서 간섭무늬가 나타나는지 실험해 보면 됩니다.

물리학 역사상 가장 기이하며 이해할 수 없는 실험 결과
– 전자의 이중슬릿 실험과 상호작용

입자라 생각했던 모든 물질이 파동의 성질을 가진다는 것이 드브로이드의 물질파 이론입니다. 즉 모든 양자는 파동이며 동시에 입자의 성질을 가진다는 것입니다. 과학자들은 당연히 이를 실험을 통해 확인하고자 하였습니다.

입자라고 믿고 있던 대표적인 물질인 "전자"를 이용하여 전자가 파동의 성질을 가지는지를 실험하였습니다.

전자가 입자인지 파동인지 구분하기 위해서는 앞에서 설명한 이중슬릿 실험을 통해 확인할 수 있습니다.

실험 개요
1. 준비 : 두 개의 슬릿을 가진 스크린과 그 뒤에 검출기가 있는 장치를 사용합니다.
2. 전자 발사 : 전자를 하나씩 슬릿을 향해 발사합니다. 이때 한 번만 발사하는 것이 아니라

이 실험에서 전자가 파동이라면 앞에서 말한 파동의 가장 큰 특징 두 가지가 나타납니다.
첫 번째 동 시간에 여러 공간에 존재할 수 있다. 그러므로 구멍 두 개를 동시에 통과한다.
두 번째 간섭현상이 나타나며 특정 간섭무늬를 만들어낸다.
전자가 입자라면 입자의 특징인 하나의 공간에만 존재하면 간섭무늬를 만들어내지 못하고 직선으로 구멍을 통과하여 두 개의 선만이 나타날 것입니다.

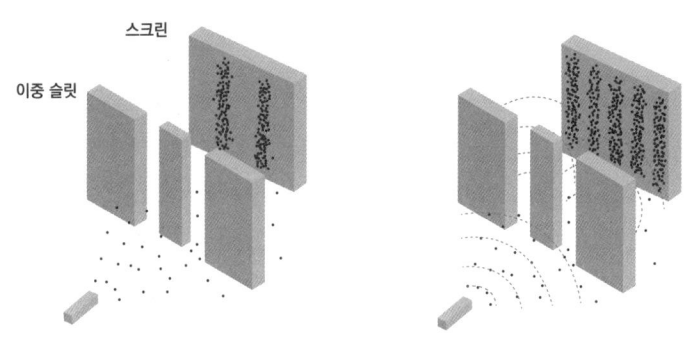

전자의 이중슬릿 실험결과
왼쪽 그림은 전자가 입자인 경우이며,
오른쪽 그림은 전자가 파동이라면 나타나게 되는 간섭무늬입니다.

여기서 놀라운 실험결과가 나오게 됩니다. 입자라고 생각했던 전자가 놀랍게도 간섭 현상을 보이며 간섭무늬를 만들어 냈던 것입니다.

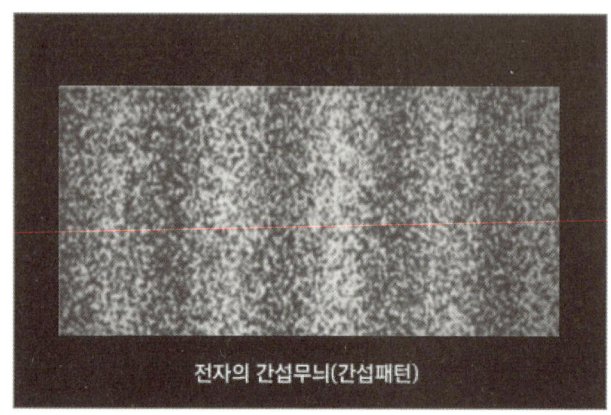

전자의 간섭무늬(간섭패턴)

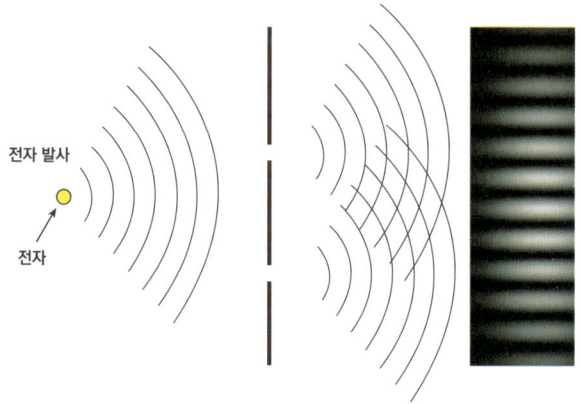

전자의 이중슬릿 실험결과

그때 당시만 하더라도 놀라운 실험 결과 였습니다. 입자라고 생각했던 모든 물질이 사실은 파동이었던 것입니다.

드르로이드의 물질파 이론이 맞았던 것입니다.

이 실험결과가 충격적이었던 가장 큰 이유는 파동과 입자의 가장 큰 차이가 동시에 여러 공간에 존재하느냐 못하느냐 이기 때문입니다.

입자는 동 시간에 여러 공간에 존재할 수 없으며 한 번에 하나의 구멍만 통과할 수 있습니다. 파동은 동 시간에 여러 공간에 존재하며 구멍 두 개를 동시에 통과할 수 있습니다.

입자라고 생각했던 하나의 전자가 구멍 두 개를 동시에 통과한 것입니다.

이 기이한 실험 결과를 가만 보고 있을 과학자들이 아닙니다. 어떠한 방식으로 하나의 전자가 두 개의 구멍을 통과하는지를 관찰하고자 했습니다.

하나의 입자가 두 개로 쪼개어져서 두 개의 구멍을 동시에 통과할 수도 있고 실제 하나의 입자가 분신술을 쓰듯이 두 개가 되어 두 개의 구멍을 동시에 통과할 수도 있는 것입니다.

이는 두 개의 구멍에 카메라를 달고 관찰해보면 쉽게 확인할 수 있는 사실입니다. 이때 놀라운 실험 결과가 나옵니다. 하나의 전자가 어떻게 두 개의 구멍을 통과하는지 실험장치를 통하여 관찰하는 순간 거짓말처럼 전자는 다시 입자로 행동했습니다. 간섭무늬가 사라지고 입자의 무늬가 나타난 것입니다.

즉 전자가 파동이 되어 어떻게 두 개의 구멍을 동시에 통과하는지는 사진으로 촬영된 적이 단 한번도 없습니다. 촬영하는 순간 구멍 두 개를 통과하지 못하고 입자가 되어 하나의 구멍만 통과하기 때문입니다.

관찰을 하지 않으면 파동이 되어 두 개의 구멍을 동시에 통과하고 어떻게 두 개의 구멍을 동시에 통과하는지 관찰하는 순간 파동의 성질이 사라지고 하나의 구멍만 통과하는 입자가 되었습니다.

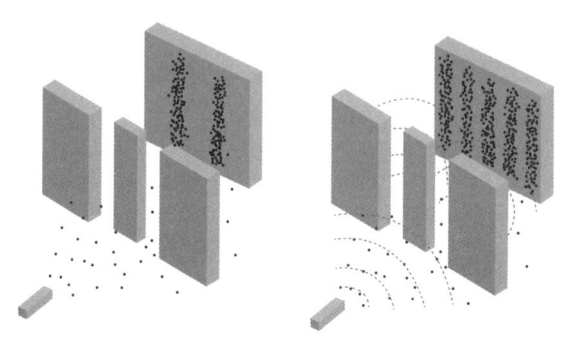

- 관찰하면 왼쪽 그림처럼 하나의 구멍만 통과하여 입자의 무늬를 만들어 내고
- 관찰하지 않으면 오른쪽 그림처럼 구멍 두 개를 동시에 통과하여 간섭무늬를 만들어 냅니다.

마치 전자가 우리를 속이기 위해서 쳐다보지 않으면 파동이 되고 확인하기 위해서 관찰하면 귀신같이 다시 입자로 행동하는 것처럼 보였습니다.
이 실험결과에 많은 과학자들이 충격을 받았습니다.
그 누구도 왜 이런 현상이 벌어지는 지를 설명하지 못하였습니다. 이중슬릿 실험 결과가 나온지 100년이 지났지만 아직 까지 그 누구도 이를 설명하지 못하고 있습니다.
양자역학이 어려운 이유가 바로 이것입니다. 리차드 파인만이 "양자역학을 이해한 사람은 단 한사람도 없다.", "양자역학을 아무도 완전히 이해하지 못합니다. 만약 당신이 양자역학을 이해했다고 생각한다면, 당신은 그것을 제대로 이해하지 못한 것입니다."라고 말한 가장 큰 이유 중 하나가 바로 이 실험 결과입니다.
양자역학을 연구하는 물리학자에게 이중슬릿 실험결과에 대해 그 이유를 설명해 달라고 하면 돌아오는 대답은 "누구도 모른다." 이유는 알 수 없지만 그러한 실험결과가 나오고 수학으로도 서술되기 때문에 그냥 사실로 받아들이고 계산하고 외워라입니다.

이 실험 결과에 대한 다양한 해석이 등장하였습니다. 가장 대표적이며 정설로 받아들여지는 해석은 코펜하겐 해석입니다. 하지만 이 코펜하겐 해석에서도 왜 이러한 현상이 벌어지는지는 설명하지 못하고 있습니다.

관찰과 상호작용

관찰이라는 행위는 상호작용이 있어야 가능합니다. 과학자들은 여러 실험을 통하여 파동의 성질이 사라지고 입자가 되는 조건은 다른 양자와의 상호작용에 의한 결어긋남 임을 밝혀 냈습니다. 이는 앞에서 충분히 설명하였습니다. 양자가 파동인지 입자인지 관찰하는 것 또한 다른 양자와 상호작용을 하여야 하며, 결어긋남을 일으키게 됩니다.

이중슬릿 실험에서는 양자 중첩과 마찬가지로 양자가 자신을 제외한 우주의 어떤 물질과 상호작용을 하지 않아야 파동의 성질을 유지할 수 있습니다.

코펜하겐 해석

코펜하겐 해석은 이 실험 결과를 다음과 같은 원칙으로 설명합니다.

1. 파동-입자 이중성 (Wave-Particle Duality)

코펜하겐 해석에 따르면, 입자는 본질적으로 파동과 입자의 성질을 동시에 가집니다. 이는 실험 설정과 관측 여부에 따라 다르게 나타납니다. 관측하지 않을 때 입자는 파동처럼 행동하여 간섭 무늬를 만들고, 관측할 때는 입자처럼 행동합니다.

2. 확률적 해석 (Probabilistic Interpretation)

코펜하겐 해석은 양자역학의 결과가 확률적으로 결정된다고 봅니다. 입자가 특정 슬릿을 통과하거나 특정 위치에 도달할 확률은 파동 함수 ψ의 제곱인 $|\psi|^2$로 주어집니다. 파동 함수는 입자의 모든 가능한 상태를 기술하며, 관측이 이루어지기 전까지는 특정한 상태로 확정되지 않습니다.

3. 파동 함수의 붕괴 (Collapse of the Wave Function)

코펜하겐 해석에서 중요한 개념 중 하나는 파동 함수의 붕괴입니다. 입자의 상태는 관측이 이루어질 때 확정되며, 이는 파동 함수가 특정 상태로 붕괴하는 것으로 설명됩니다. 이중슬릿 실험에서 입자가 어떤 슬릿을 통과했는지 관측할 때 파동 함수는 붕괴하고, 입자는 한 슬릿을 통과한 것으로 확정됩니다.

4. 관측자의 역할 (Role of the Observer)

코펜하겐 해석은 관측자의 역할을 강조합니다. 관측 행위가 입자의 상태를 결정짓는 중요한 요소로 작용합니다. 이는 양자역학에서 고전 물리학과 달리 관측자와 시스템이 상호작용하여 결과를 만들어낸다는 것을 의미합니다.

코펜하겐 해석의 한계

한마디로 코펜하겐 해석은 "상호작용을 하지 않으면 파동의 성질을 가지고 상호작용을 하면 입자가 된다." 입니다. 즉 이중슬릿 실험 결과를 그대로 나열한 것일 뿐입니다. 해석이라고 하기에는 너무나 부족합니다.

우리가 원하는 해석은 관찰하지 않으면 파동이 되고 관찰하는 순간 입자가 된다는 실험 결과는 우리도 알겠다.

그렇다면 그 이유가 무엇인가? 관찰이라는 상호작용을 하지 않으면 파동의 성질을 가지고 상호작용을 하게 되면 입자의 성질을 가지는 이유가 도대체 무엇이냐? 이 질문에 대한 해답을 원하는 것입니다.

하지만 코펜하겐 해석에는 이러한 이유를 전혀 설명하지 못 하였습니다.

코펜하겐 해석은 닐스 보어와 베르너 하이젠베르크에 의해 제안된 해석입니다. 하지만 닐스 보어도 왜 이러한 현상이 벌어지는 이유와 원리에 대해서는 아무 설명을 못하였습니다.

당연히 이 해석으로는 아인슈타인을 설득할 수 없었습니다. 아인슈타인도 상호작용을 하지 않으면 파동 상호작용을 하면 입자의 성질을 가진다는 실험결과를 알고 있었습니다.

왜 그러한 현상이 벌어지는지 그 사실을 완벽히 설명할 수 있는 이론을 원했던 것입니다.

코펜하겐 해석으로는 아인슈타인을 설득하고 이해시킬 수 없었습니다.

아인슈타인 "달을 보지 않으면 달은 존재하지 않는 것인가?"

이중슬릿 실험에서 관찰하지 않으면 파동이 되며 관측하는 순간 입자가 되는 현상에 대해 "달을 보지 않으면 달은 존재하지 않는 것인가?"라는 질문을 던졌습니다.
이 질문은 아인슈타인이 양자역학의 해석, 특히 코펜하겐 해석에 대한 회의와 비판을 표현한 유명한 문구 중 하나입니다.
아인슈타인의 질문은 양자역학의 코펜하겐 해석이 제시하는 비직관적 현실을 비판하기 위해 던진 것입니다. 그는 다음과 같은 점을 강조하고자 했습니다.

객관적 현실의 존재 : 관측 여부와 상관없이 달은 존재해야 한다는 믿음.

양자역학의 불완전성 : 양자역학이 모든 물리적 현상을 완전히 설명하지 못한다고 믿음.

결정론적 해석 : 우주는 근본적으로 결정론적이어야 한다는 주장.

아인슈타인의 질문은 양자역학의 해석에 대한 그의 깊은 회의와 비판을 잘 보여줍니다. 그는 코펜하겐 해석이 제시하는 관측자의 역할과 확률적 해석을 받아들이기 어려워했으며, 객관적 현실과 결정론적 세계관을 고수했습니다. 이 질문은 물리학 커뮤니티에서 양자역학의 해석에 대한 논쟁을 촉발시키며, 더 깊은 이해를 위한 연구를 촉진했습니다. 아인슈타인의 비판은 양자역학이 발전하는 데 중요한 역할을 했으며, 오늘날에도 여전히 중요한 철학적 질문으로 남아있습니다.
지금부터 그 비밀에 대해서 알아봅시다.
왜 상호작용을 하지 않으면 파동이 되며 상호작용을 하면 입자의 성질을 가지게 되는 것일까요? 그 이유가 무엇일까요? 아인슈타인이 간과한 점이 무엇이엇을까요?

상호작용이 과연 무엇이길래 상호작용을 기점으로 파동과 입자의 성질이 구분되는 것일까요?

"결어긋남을 일으키는 상호작용이 시간이다."
이를 통한 이중슬릿 실험 해석

앞에서 시간이 흐르지 않는 세계의 특징을 살펴 보았습니다. 갑이라는 입자가 12시 정각 시간이 흐르지 않는 상황에서 a에서 b라는 공간으로 이동하였습니다. 시간이 흐르지 않는 상태이기 때문에 12시 정각에 b에서 다시 a로 이동 할 수도 있습니다. 12시 정각에 갑이라는 입자는 어디에 존재할 것일까요? 놀랍게도 12시 정각에 a와 b 모두에 존재한 것이 됩니다. 즉 시간이 흐르지 않는 상태에서는 여러 공간에 동시에 존재할 수 있습니다.

12시 정각 시간이 흐르지 않는 상태에서 오른쪽으로 회전하던 입자가 왼쪽으로 회전하였습니다. 다시 오른쪽으로 회전할 수도 있습니다. 이 입자는 12시 정각에 오른쪽으로 회전했고 왼쪽으로도 회전한 것이 됩니다.

파동의 가장 큰 특징인 "동시에 여러 공간에 존재한다."와 양자 중첩의 "동시에 여러 가지 상태를 가진다."는 사실 같은 특징입니다.

여러 공간에 중첩되어 확률로 존재하는 현상이 바로 양자의 파동입니다.

반면 시간이 흐르는 세계에서는 속도라는 개념이 존재하면 특수상대성 이론에 의하여 빛보다 빠를 수가 없습니다. 즉 무한대의 속도를 가질 수 없으며 유한한 속도를 가지게 됩니다.

그렇기 때문에 공간을 이동할 때 시간이 소비되며 상태가 변할 때도 시간이 소모되게 됩니다. 시간이 흐르는 세계에서 양자는 동시에 여러 가지 상태를 가질 수 없으며 또한 동시에 여러 공간에 존재할 수 없습니다. 바로 입자의 성질입니다. 즉 하나의 물질이 시간의 유무에 따라 입자가 될 수도 파동이 될 수도 있는 것입니다. 상호작용을 기준으로 상호작용을 하지 않으면 파동 상호작용을 하는 순간 입자가 되는 것은 상호작용이 "시간"이기 때문입니다.

상호작용을 하지 않으면 시간이 흐르지 않기 때문에 동시에 여러 공간에 존재하여 구멍 두 개를 동시에 통과하게 되며 상호작용을 하는 순간 시간이 탄생하게 되며 시간이 존재하는 세계에서는 동시에 여러 공간에 존재할 수 없기 때문에 하나의 구멍만 통과하는 것입니다.

정리하자면 이중슬릿 실험의 비밀은

상호작용하지 않으면 시간이 흐르지 않기 때문에 동시에 여러 공간에 존재한다.

상호작용을 하게 되면 시간이 탄생하며 시간이 흐르는 세계에서는 동시간에 여러공간에 존재할 수 없기 때문에 입자의 성질을 가지며 구멍 두 개를 동시에 통과할 수 없다.

양자세계에서 입자와 파동의 결정적 차이는
시간의 유(有)무(無)이다.

입자라고 생각했던 전자가 사실은 파동이기도 하였습니다. 즉 거시세계의 인간도 사실은 파동의 성질을 가지고 있습니다. 하지만 파장이 너무나도 짧고 무수히 많은 상호작용 속에서 이루어져 있기 때문에 잘 들어나지 못할 뿐입니다. 입자라 생각했던 모든 물질이 파동이었습니다. 그렇다면 어떠한 식으로 파동의 성질을 가지는 것일까요? 이 점이 양자역학의 가장 난해한 부분이기도 합니다. 실험 결과 구멍 두 개를 동시에 통과하여 간섭무늬를 만들어 내는데 어떠한 식으로 구멍 두 개를 동시에 통과하는지를 직관적으로 알 방법이 없습니다. 전자를 관측하는 순간 파동의 성질이 사라지고 입자가 되어 버리기 때문입니다. 입자가 어떠한 식으로 파동의 성질을 가지는 것일까요?

여러 가지 경우를 상상해 볼 수 있습니다.

첫 번째 실제 물결파와 같은 파동인데 관측하는 순간 하나의 입자로 만들어졌다가 다시 상호작용을 하지 않게 되면 파동이 된다.

두 번째 하나의 입자가 여러 개로 쪼개어져 구멍 두 개를 동시에 통과하고 상호작용을 하는 순간 다시 하나로 합쳐진다.

세 번째 하나의 입자가 분신술을 쓰듯이 여러 개가 되었다가 상호작용을 하는 순간 하나로 합쳐진다. 등등 여러 가지 형식으로 상상해 볼 수는 있습니다. 하지만 관측하는 순간 파동의 성질이 사라지기 때문에, 우주에 있는 어느 누구도 전자가 어떠한 형태로 파동성을 가지는지 직접 관찰한 경우는 없습니다.

입자가 어떠한 식으로 파동의 성질을 가지는지에 대해서는 직관적으로 알 방법은 없지만 실제 우리가 알고 있고 관찰 가능한 거시세계의 파동과 비교해 봄으로써 눈으로 볼 수 없는 관찰하는 순간 사라지는 양자의 파동성이 어떠한 형태를 가지는지 어느 정도 유추해 볼 수 있습니다.

앞에서 양자얽힘을 설명하면서 시간이 흐르는 세계의 특징과 시간이 흐르지 않는 세계의 특징을 살펴 보았습니다.

시간이 흐르지 않는 세계에서는 하나의 입자가 동시에 여러 공간에 존재할 수 있으며 동 시간에 여러 가지 상태를 가지는 양자 중첩이 가능하다고 설명했습니다. 이 책에서는 입자가 시간이 흐르지 않는 세계에서는 여러 공간에 동시에 존재한 것이 된다고 주장하였습니다. 이것이 양자 세계의 파동이라고 주장합니다. 그렇기 때문에 거시세계의 기계적 파동과는 다른 특징을 보입니다.

양자의 파동이 거시세계의 기계적 파동과 다른 점을 살펴보게 되면 양자역학에서의 입자 파동의 이중성이 시간의 유무 때문에 나타나는 현상이라는 것이 더욱 명확해집니다.

양자세계의 파동은 거시세계의 기계적 파동과는 다르다.

입자가 파동의 성질을 가질 때 실제로 입자가 여러 개가 되는 것이 아닙니다. 하나의 입자가 두 개의 구멍을 동시에 통과했습니다. 하지만 입자가 두 개가 되어 두 개의 구멍을 동시에 통과한 것이 아닙니다. 만약 하나의 입자가 두 개가 되었다면 이는 에너지 보존의 법칙에 위배 됩니다. 질량이 2배가 된 것이기 때문에 에너지 또한 두 배가 되어야 하는데 그렇지 않습니다.

사고 실험으로 예를 들어 보겠습니다. 실제와는 다르지만 양자역학을 쉽게 설명하기 위하여 과학자들도 여러 가지 예를 들어 설명합니다. 어떻게 보면 실제와는 다른 가정이지만 눈에 보이지 않는 양자의 세계를 쉽게 설명하기 위한 방법 정도로 이해해 주시기 바랍니다. 시간이 흐르지 않는 상황에서 12시 정각에 갑이라는 입자가 부산에서 서울로 이동했습니다. 이때 12시 정각에 갑이라는 입자는 서울과 부산에 동시에 존재한 것이 됩니다.

하지만 갑이라는 입자가 여러 개가 된 것이 아닙니다. 갑이라는 입자가 서울과 부산에 동시에 존재했지만 입자가 두 개가 되어서 두 곳에 동시에 존재한 것이 아니라는 말입니다.

의인화해서 설명해 봅시다. 갑이라는 사람이 시간이 흐르지 않는 상태 즉 시간을 멈추게 한뒤 12시 정각에 부산에서 서울로 이동하였습니다. 이때 갑이라는 사람은 12시 정각에 서울과 부산에 동시에 존재했다 할 수 있습니다. 하지만 갑이라는 사람이 두 명이 되어서 각각 서울과 부산에 존재한 것이 아닙니다.

갑은 한 명의 사람일 뿐이며 두 명이 되지 않았습니다. 한 명의 사람 이라는 것에는 변함이 없지만 시간이 흐르는 입장에서 보기에는 동 시간에 두 공간에 존재한 것이 되는 것입니다.

갑이라는 입자는 오로지 하나의 입자입니다. 한 명의 사람입니다.

단지 시간이 흐르지 않는 상태이기 때문에 동 시간에 여러 공간에 존재한 것이 될 뿐입니다.

여러 공간에 중첩된 것입니다.

즉 하나의 입자가 여러 개가 되지 않더라도 여러 공간에 동시에 존재할 수 있는 것입니다. 양자중첩에서 하나의 양자가 "0"과 "1"로 나뉘지 않더라도 두 가지 상태를 모두 가질 수 있습니다.

그 조건은 시간이 흐르지 않을 때만 가능하다고 이 책에서 주장합니다.

실제 양자역학에서의 파동은 거시세계의 기계적 파동과는 다릅니다. 거시세계의 기계적 파동은 동시에 여러 공간과 상호작용을 하여 영향을 끼치게 됩니다. 대표적인 파동이 소리인데 소리는 퍼져나가면서 동시에 여러 공간과 상호작용을 하여 같은 소리를 동시에 여러 명이 들을 수 있습니다.

즉 거시세계의 소리나 물결파와 같은 파동은 실제 여러 공간에 동시에 존재하며 동시에 여러공간과 상호작용을 하게 됩니다.

하지만 양자역학에서의 파동은 그렇지 못합니다.

동시에 여러 공간에 영향을 끼칠 수 없습니다.

양자의 가장 큰 특징인 "상호작용을 하지 않으면 파동의 성질을 가지며 동시에 여러 공간에 존재하여 두 개의 구멍을 지나가지만 관찰(상호작용) 하는 순간 이러한 특징이 사라지고 하나의 입자는 하나의 공간에만 존재하게 된다."
이 말을 다른 말로 바꾸어 보자면

"하나의 양자는 동시에 다른 공간에서 상호작용을 할 수 없다."

라는 당연한 말로 바뀌게 됩니다. 거시세계의 특징과도 정확히 일치합니다. 당연히 거시세계의 우리는 물질파이기 때문에 동 시간에 여러 공간에 존재할 수 있지만 동 시간에 여러 공간과 상호작용을 할 수 없습니다. 한 명의 사람이 서울과 부산에서 동시에 밥을 먹을 수가 없습니다.

거시세계의 파동은 하나의 파동이 간섭무늬 전체를 만들어 낼 수 있습니다. 하지만 전자의 이중슬릿 실험에서 단 하나의 전자가 간섭무늬 전체를 만드는 것이 아닙니다. 전자 하나를 쏘게 되면 보강간섭이 나타나는 곳에 높은 확률로 하나의 점만을 만들어 냅니다. 수많은 전자를 쏘게 되면 그 점들이 모여 간섭무늬를 만들어 내는 것입니다.

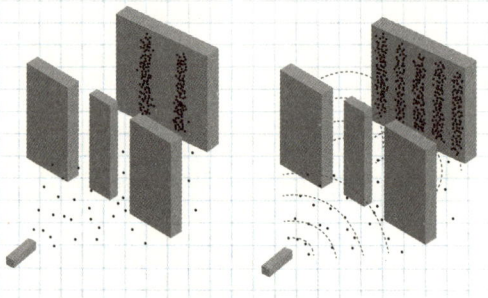

그림처럼 하나의 전자는 하나의 점만을 만들어 내게 되며 그 점들이 모여 간섭무늬를 만들어 냅니다. 즉 간섭무늬를 만들어 내기 위해서는 무수히 많은 전자를 이중슬릿에 던져야합니다.

즉 하나의 전자는 하나의 흔적만을 만들어 냅니다. 이중슬릿 실험에서 이중슬릿을 통과한 전자가 뒤에 판에 부딪치게 되면 상호작용이 일어나 중첩이 붕괴되고 하나로 확정되기 때문입니다. 즉 동 시간에 여러 곳과 상호작용을 할 수 없기 때문입니다. 이는 입자가 파동의 성질도 가지게 되지만 사실 하나의 전자가 여러 개의 전자로 나뉘게 되어 파동의 성질을 가지는 것이 아니기 때문입니다.

거시세계의 파동과 양자의 파동이 다른 가장 큰 특징 "E=hν"

$$E=h\nu$$

막스 플랑크가 흑체 복사 그래프를 설명할 때 나오는 공식입니다. 여기서 ν는 진동수를 의미합니다. $E=h\nu$는 양자역학에서 매우 중요한 공식 중 하나로, 이는 에너지와 관련된 식입니다. 여기서 E는 에너지, h는 플랑크 상수, ν는 진동수를 의미합니다.

h 플랑크 상수는 양자역학의 근본적인 상수 중 하나로,
그 값은 약 6.626×10^{-34} Js 입니다. 이 상수는 막스 플랑크가 흑체 복사 문제를 해결하기 위해 도입했습니다.

$E=h\nu$의 이 식은 막스 플랑크가 흑체 복사를 설명하기 위해 도입한 것으로, 모든 전자기 복사는 양자화된 에너지 패킷, 즉 양자(광자)로 이루어져 있다고 제안했습니다. 각 광자의 에너지는 진동수에 비례하며, 그 비례 상수가 바로 플랑크 상수입니다.

이 식에 대해서는 "3장 시간과 공간의 양자화" 편에서 자세히 설명하겠습니다. 여기에서는 양자역학에서 파동의 에너지는 오로지 "진동수에 비례" 한다는 사실만 알고 넘어가겠습니다.

필자가 양자역학의 입자 파동의 이중성을 공부하면서 느낀 가장 큰 의문점 중 하나가 바로 이 공식입니다.

왜냐하면 거시세계의 파동은 진동수의 제곱과 진폭의 제곱에 비례하기 때문입니다.

$$E \propto 진동수의 제곱, 진폭의 제곱$$
$$E \propto A^2 \cdot f^2$$

E : 에너지, A : 진폭, f : 진동수 (v와 같다.)

그 이유는 에너지는 속도의 제곱에 비례하기 때문입니다.

$$운동에너지\ E = \frac{1}{2}mv^2$$

이 식에서 에너지는 항상 속도의 제곱에 비례한다는 것을 알 수 있습니다. 그런데 거시세계의 기계적 파동에서 진폭과 진동수는 속도의 증가와 같은 효과를 내게 됩니다.

기타 줄의 파동을 예로 들어 보겠습니다.

진동수와 속도가 같은 파동에서 진폭만 두 배가 되었을 때

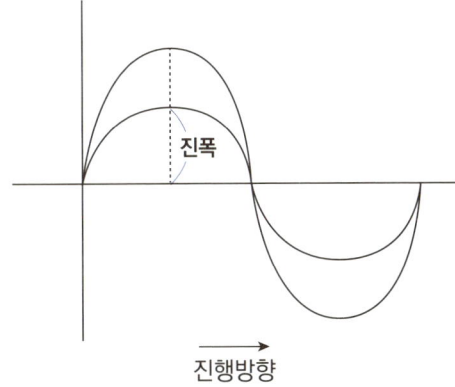

그림에서와 같이 기타 줄이 움직인 거리는 두 배가 됩니다. 즉 같은 시간 동안 기타줄이 움직인 거리는 세로방향으로 높이가 증가하였기 때문에 움직인 거리는 두 배가 되며 속도가 두배 높아진 효과를 내게 됩니다. 그렇기 때문에 에너지는 속도 2배의 제곱인 4배가 높아지게 됩니다. 즉 진폭의 제곱에 에너지가 비례하게 됩니다.

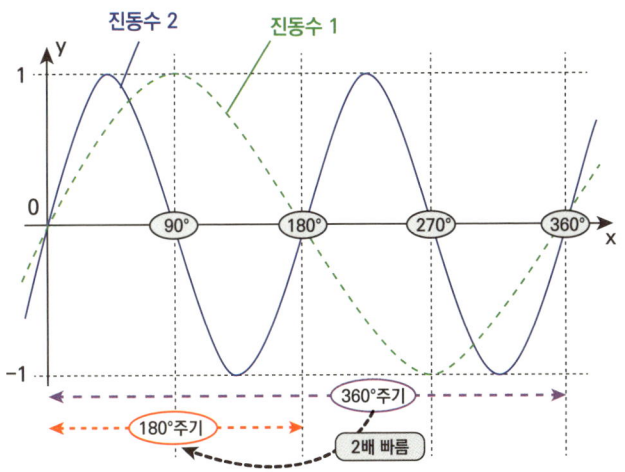

진동수가 2배가 되면 움직인 거리가 2배가 되어 속도가 2배 빨라진 것이 된다.
세로로 이동한 거리가 2배가 된다.

진동수 또한 마찬가지입니다. 진폭과 속도가 같은 파동에서 진동수만 두 배가 되었을 때 세로로 이동한 거리가 2배가 되기 때문에 기타 줄이 움직인 거리는 2배가 되며 2배 속도 증가한 효과를 내기 때문에 2의 제곱인 4배의 에너지가 증가한게 됩니다. 즉 진동수에 제곱에 에너지가 비례하게 됩니다.

정리하자면 거시세계 파동의 에너지는 진동수와 진폭의 제곱에 비례하게 됩니다. 하지만 전자기파와 물질파의 에너지는 오로지 진동수에만 비례합니다. 진동수의 제곱이 아닌 진동수에 정비례하게 됩니다.

이는 양자의 파동이 거시세계의 기계적 파동과 다르기 때문입니다.

그렇다면 왜 그런 것일까요?

이것 또한 이 책에서 주장하는 "상호작용이 시간이다."로 설명 가능합니다.

위 기타줄의 파동 그림에서 진폭과 진동수는 파동의 진행방향이 아닌 세로로 이동한 거리를 증가시키므로써 기타줄이 이동한 거리를 증가시켜 속도 증가와 같은 효과를 내게 됩니다. 즉 기계적 파동에서는 가로로 이동하는 속도와 세로로 이동하는 속도가 모두 에너지에 영향을 끼치게 되며 당연히 속도와 관련되기 때문에 제곱에 비례하게 됩니다.

$$E \propto A^2 \cdot f^2$$

A=진폭, f=진동수

진동수와 진폭은 줄이 움직인 속도에 영향을 끼치기 때문에 제곱에 비례합니다. 그런데 양자역학에서의 파동은 그렇지 않습니다.

제곱에 비례하지 않습니다.

그 이유는 양자역학에서의 파동은 시간이 없는 세계이기 때문에 속도라는 개념이 없기 때문입니다. 양자 세계의 파동 상태일때의 진동 수는 속도와 관련이 없기 때문에 제곱에 비례하지 않는 것입니다. 물질파의 진폭 또한 마찬가지입니다. 물질파에서 에너지는 진폭과 전혀 상관이 없습니다.

시간이 없는 세계에서 존재한 거리나 공간은
거시세계의 속도와 관련이 없습니다.
시간이 없는 세계에서 존재한 공간은 시간이 흐르는 입장에서 보게되면
동시간에 존재한 공간이 됩니다.
즉 동시간에 여러 공간에 존재한 것은 거시세계의 속도와 관련이 없습니다.
그러므로 에너지의 증가와 관련이 없습니다.

단지 그 입자가 특정 위치에서 발견될 확률과 관련이 있을 뿐입니다.

이를 다시 의인화 해서 설명해 보겠습니다. 시간이 흐르지 않는 상태에서 갑은 a에서 b라는 공간으로 이동했습니다. 이때 이동할 때 아주 천천히 이동할 수도 있고 빨리 이동할 수도 있습니다. b로 이동하여 잠시 멈추어서 쉴 수도 있습니다. 시간이 멈춘 상태에서 5번 왕복할 수도 있고 10번 왕복할 수도 있습니다. 이때 상호작용을 하기 위하여 다시 시간을 흐르게 하였습니다. 이때 시간이 흐르는 세계에서의 속도는 시간이 흐르지 않는 상태에서 움직인 거리와 아무런 관련이 없습니다.

하지만 시간이 없는 세계에서 존재한 공간은 그 입자가 존재할 확률과 관련이 있습니다. 시간이 없는 세계에서 부산에서 서울로 이동한 사람과 부산에서 대구로 이동한 사람이 있다고 하였을 때 전자는 부산과 서울 사이에 확률적으로 존재할 것이고 후자는 부산과 대구 사이에서 확률적으로 존재할 것이기 때문입니다. 그렇다면 "$E=h\nu$"에서 진동수는 무엇을 의미하는 것일까요?

전자기파에서 특수상대성 이론에 의하면 정지질량 m이 사라지면서 c로 움직이는 전자기파가 만들어지게 됩니다. 에너지 보존 법칙에 의해서 이 둘의 에너지는 같을 수밖에 없습니다. 즉 mc^2과 $h\nu$는 같아야 합니다.

$$mc^2 = h\nu$$

$$m = \frac{h}{c^2}v$$

여기에서 c와 h는 변하지 않는 상수입니다. 즉 정지질량과 진동수는 정비례하게 됩니다. 즉 전자기파의 진동수 즉 에너지는 오로지 그 전자기파가 질량 화 되었을때의 정지질량에 비례하게 됩니다.

거시세계의 에너지는 질량과 속도에 의해 결정됩니다. 진동수는 속도와 관련된 것이 아니라 질량과 더 밀접한 관련이 있지않나 유추해 볼 수 있는 것입니다. 그런데 진동수란 분모가 시간입니다. 진동수에는 시간이라는 개념이 들어있습니다. 이를 상쇄시켜 주는 것이 바로 플랑크 상수에 있습니다. 플랑크 상수에는 시간이라는 단위가 들어가 있기 때문입니다.

플랑크 상수의 단위는 "js"입니다. j는 에너지이며 s는 시간입니다. 플랑크 상수에 있는 시간이 진동수의 분모에 있는 시간을 상쇄시켜 줍니다.

즉 플랑크상수는 시간의 최소단위와 밀접한 관련이 있다고 생각해 볼 수 있는 것입니다.

시간이 없는 세계에서는 속도란 의미가 없으면 오로지 질량만이 의미를 가질 수 있지 않을까 개인적으로 상상해 봅니다.

파장 × 진동수 = 속도입니다. 여기에서 전자기파의 경우 속도는 c로 항상 일정합니다.

진동수 = $\dfrac{c}{파장}$ 여기에서 속도는 상수 "c"입니다.

$$진동수 = \frac{c}{파장}$$

즉 정지 질량은 전자기파의 파장에 반비례하게 됩니다.
파장과 질량이 밀접하게 관련되어 있지 않나 개인적으로 생각해 봅니다.

거시세계에서 시간이 흐른다고 믿을 수 밖에 없는 이유

우리 인간이 생명 활동을 유지 하기 위해서는 수많은 세포끼리 상호작용이 필요합니다. 우리 인간이 파동의 중첩 상태가 되기 위해서는 수 십 억개의 세포가 상호작용을 하지 않는 상태가 되어야 합니다. 이는 확률적으로 거의 불가능합니다. 하나의 세포만 보더라도 수많은 원자들이 모여 이루어집니다. 이 세포 하나가 파동의 성질을 가지기 위해서도 세포를 이루고 있는 원자들끼리 서로 상호작용을 하지 않아야 합니다. 이는 현실 세계에서는 정말로 힘든 조건입니다. 하나의 세포가 원자들끼리 상호작용을 하지 않아 파동 상태가 되는 것 또한 확률적으로 불가능한데 그 세포끼리도 서로 만나지 않고 상호작용을 하지 않아야 합니다.

거시세계의 우리가 시간이 있다고 인식할 수밖에 없는 이유입니다.

여러 개의 입자가 모여 만들어진 물질도 입자들끼리 상호작용을 하지 않게 만들게 되면 파동의 성질을 가지게 됩니다. 그런데 이러한 조건을 만들기가 너무나도 어렵습니다.

하지만 여러 실험 물리학자들은 지금도 더 복잡한 구조의 물질로 간섭무늬가 생성되는 실험을 하고 있습니다.

대표적인 실험 중 1999년 안톤자일링거 교수는 풀러렌을 이용하여 간섭무늬를 만들어 내는 실험에 성공하였습니다. 풀러렌은 탄소 원자가 모여 만들어진 탄소 동소체입니다. 대표적인 풀러렌은 탄소원자 60개로 만들어져있습니다. 즉 60 개의 탄소 원자가 모여 만든 물질의 경우 이 60개의 탄소가 서로 상호작용을 하지 않는 상태를 만들어야 파동의 성질의 가지게 됩니다. 2013년 810개의 원자($C_{284}H_{190}F_{320}N_4S_{12}$)로 이뤄진 분자, 2019년에는 15개 아미노산 구조(원자 276개)로 이루어진 박테리아 체내의 생체 분자까지 이중슬릿 실험을 통과한다는 것이 밝혀졌습니다.

60기의 탄소가 모인 풀러렌 조차 중첩의 상태를 만들기가 힘이 드는데 수많은 원자로 만들어진 거시 세계의 물질이 파동의 상태가 될 조건은 너무나도 희박합니다. 또한 우리 인간이 생각을 하고 행동을 하기 위해서는 반드시 상호작용이 필요합니다. 생각을 하기 위해서도 먹기 위해서도 늙기 위해서도 죽기 위해서도 상호작용이 반드시 필요합니다. 물리학 실험 또한 수많은 상호작용을 통해 이루어집니다.

상호작용 없이는 아무것도 인식할 수 없습니다.

상호작용이 없는 세계를 인식할 방법 자체가 없습니다. 모든 관찰은 상호작용을 기반으로 이루어지기 때문입니다.

어떠한 현상을 알기 위해서는 관찰이 필요합니다. 하지만
상호작용이 없는 세계는 관찰 자체가 불가능합니다.

"시간이 무엇인가?"라는 명제를 생각하고 고민하기 위해서도 뇌 세포간의 상호작용이 필요합니다.

그렇기 때문에 항상 우리는 시간이 존재하며 흐른다고 생각해 왔던 것입니다.

위치의 불확정성과 파장

양자의 세계에서는 정확한 위치란 존재하지 않습니다. 오로지 확률로만 존재하며 확률로만 표현할 수 있습니다. 바로 양자의 특징인 "불확정성"입니다. 이는 거시세계의 특징과는 상반되는 특징입니다.

아인슈타인은 양자역학의 "불확정성"을 반대하였습니다.

아인슈타인이 양자역학의 "불확정성"을 반대한 이유는 그의 물리학적 세계관과 밀접하게 관련되어 있습니다. 이를 이해하려면 아인슈타인의 철학적 입장과 그가 물리학의 발전 과정에서 어떤 역할을 했는지를 살펴볼 필요가 있습니다.

1. 결정론적 세계관

아인슈타인은 우주의 모든 현상이 엄격한 법칙에 따라 결정된다는 결정론적 세계관을 지지했습니다. 그는 자연 현상이 본질적으로 예측 가능하다고 믿었으며, 이러한 믿음은 고전 물리학의 전통에 뿌리를 두고 있습니다. 뉴턴의 고전 역학에 따르면, 현재 상태를 완벽하게 알고 있다면 미래의 모든 상태를 예측할 수 있다는 것입니다. 아인슈타인도 당연히 현재 상태와 변수를 안다면 미래의 상태를 물리학으로 예측하고 정확히 표현할 수 있다 믿었습니다. 만약 예측하고 정확히 측정하지 못한다면 우리가 아직 알지 못하는 변수가 있는 것이며 이를 안다면 모든 현상은 정확히 측정하고 예측할 수 있다고 생각했습니다.

2. 양자역학의 등장과 불확정성 원리

1920년대에 양자역학이 등장하면서, 물리학자들은 미시 세계에서 일어나는 현상을 설명하는 새로운 방법을 찾았습니다. 하이젠베르크가 1927년에 제안한 불확정성 원리는 입자의 위치와 운동량을 동시에 정확하게 알 수 없다는 것을 말합니다. 이 원리는 양자역학에서 확률적인 해석을 필수적으로 도입하게 했습니다. 즉, 미시 세계에서는 특정 현상의 결과를 확정적으로 예측할 수 없고, 오직 확률적으로 예측할 수 있다는 것입니다.

3. 아인슈타인의 반대 : "신은 주사위 놀이를 하지 않는다"

아인슈타인은 양자역학의 비결정론적 성격, 특히 불확정성 원리가 제시하는 우연성과 확률성에 깊이 반대했습니다. 그는 이 원리가 물리학의 궁극적 진리를 나타낼 수 없다고 생각했습니다. 그가 가장 유명하게 남긴 말 중 하나인 "신은 주사위 놀이를 하지 않는다(God does not play dice)"는 바로 이러한 생각을 표현한 것입니다. 그는 자연의 법칙이 본질적으로 확률적일 수 없으며, 현재 양자역학의 해석은 미완성된 것으로 보았습니다.

4. EPR 역설과 숨은 변수 이론

아인슈타인은 1935년에 동료인 보리스 포돌스키, 네이선 로젠과 함께 EPR 논문을 발표했습니다. 이 논문은 양자역학이 완전한 이론이 아니며, 양자역학을 넘어서는 '숨은 변수'가 있을 수 있다는 주장을 제기했습니다. 아인슈타인은 양자역학이 현실을 완벽하게 기술하지 못하며, 그 너머에 더 깊은 결정론적 법칙이 존재할 것이라고 믿었습니다.

5. 보어와의 논쟁

아인슈타인의 이러한 입장은 닐스 보어와의 논쟁에서 잘 드러납니다. 보어는 양자역학의 확률적 해석을 강력히 지지했으며, 아인슈타인의 반론에 대해 여러 가지 반박을 제시했습니다. 이 논쟁은 양자역학의 철학적 기초를 다지는 데 중요한 역할을 했습니다.

6. 결론

아인슈타인이 불확정성 원리를 반대한 이유는 그의 결정론적 세계관, 자연의 법칙에 대한 신념, 그리고 양자역학이 현실을 완전히 설명하지 못한다고 생각한 점에서 비롯됩니다. 그는 양자역학이 성공적이고 유용한 이론임을 인정하면서도, 그것이 궁극적 진리를 나타내지 않으며, 더 깊은 차원의 설명이 필요하다고 보았습니다. 이러한 입장은 오늘날까지도 물리학과 철학에서 중요한 논의 주제가 되고 있습니다.

아인슈타인이 틀렸고 양자는 확률로 존재한다는 사실은 이미 충분히 밝혀졌습니다. 그 이유는 너무나도 당연합니다.

양자는 입자이자 파동이라고 하였습니다. 파동에 정확한 위치가 존재할 수 있을까요?

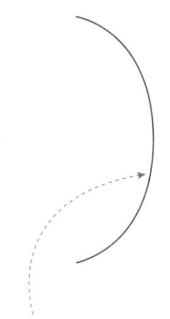

이 선의 모든 곳에 존재한다.
한 점으로 특정할 수 없다.

정확한 위치란 "특정 시간에 어느 좌표에 위치한다."로 정의됩니다.

정확한 위치를 표현하기 위해서는 "시간"이 존재하는 세상이어야 합니다.

하지만 양자의 세계에서는 시간이란 존재하지 않습니다. 이는 앞에서 충분히 설명하였습니다.

시간이 없는 세계에서 "특정 시간에 어느 공간에 위치 한다." 이 말 자체가 성립되지 않습니다.

"특정 시간에 어느 좌표에 위치한다."와 같은 아인슈타인의 결정론적 확정론적 믿음은 시간이란 항상 존재한다는 고정관념이 무의식 속에 깔여 있는 믿음입니다.

여기에서도 아인슈타인이 양자역학을 이해하지 못한 이유가 "시간에 대한 고정관념" 때문이라는 것을 알 수 있습니다.

또한 상호작용을 하지 않는 상태에서 양자는 파동의 성질을 가지며 동 시간에 여러 공간에 존재하게 됩니다. 즉 특정 시간에 정확한 위치라는 것은 처음부터 존재하지 않습니다.

존재하지 않는 것을 정확히 측정할 수 있다. 는 믿음 자체가 고정관념에 의한 잘못된 믿음입니다.

양자의 위치는 확률로 밖에 표현할 수 없습니다. 여기에서 생각해 보아야 될 점이 있습니다.

바로 양자가 존재할 확률은 어떻게 결정되냐입니다.

이는 양자가 동 시간에 존재할 수 있는 공간과 관련이 있을 것입니다.

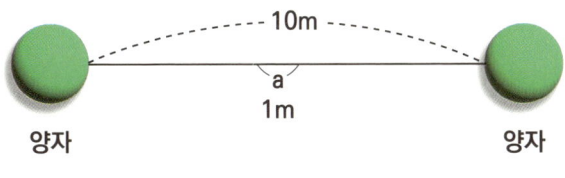

10미터의 선과 1미터라는 공간(a)

만약 양자가 시간이 흐르지 않는 상태에서 반경 10미터 거리를 움직인다고 한다면 이 양자는 반경 10미터 안에 99.9 프로의 확률로 존재하게 됩니다. 만약 그 중 a라는(1미터) 공간 안에 존재할 확률을 구한다면 1/10 으로 10프로의 확률로 a라는 공간에 존재하는 것이 됩니다.

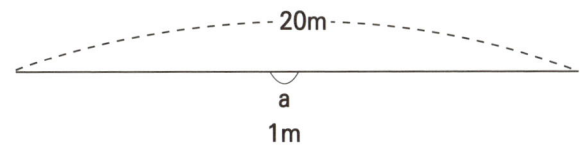

20미터의 선과 1미터라는 공간(a)

양자가 시간이 흐르지 않는 상태에서 반경 20미터 거리를 움직인다고 한다면 이 양자는 반경 20미터 안에 99.9 프로의 확률로 존재하게 됩니다. 만약 그 중 a라는(1미터) 공간 안에 존재할 확률을 구한다면 $\frac{1}{20}$ 으로 5프로의 확률로 a라는 공간에 존재하는 것이 됩니다.

위와 같이 동 시간에 존재할 수 있는 공간이 넓을수록 위치를 특정하기가 어려워 집니다. 즉 정확한 위치를 알 확률이 줄어들게 됩니다.

그렇다면 양자의 세계에서 동 시간에 존재할 수 있는 공간은 무엇과 관련이 있을까요?

양자는 파동의 성질을 가진다고 하였습니다. 파동의 위치는 파장과 밀접한 관련이 있습니다.

파동이 정의되기 위한 조건 중 하나는 그 파동이 자신의 파장보다는 길어야 가능합니다. 자신의 파장보다 짧은 형태의 파동은 정의되지 않습니다. 이는 파동의 정의와 관련되어 있습니다.

즉 파장이 길수록 동 시간에 존재할 수 있는 공간의 크기가 커지게 됩니다. 동시간에 존재할수 있는 공간이 크면 클수록 그 양자의 위치를 특정하기가 어려워지게 됩니다.

파장보다 더 짧은 파동은 정의 되지 않기 때문에 양자의 파장보다 더 짧게 위치를 특정할 수없습니다. 이는 아무리 측정 기계가 발전하더라도 불 가능 합니다. 처음부터 정확한 위치란 존재하지 않기 때문입니다.

양자의 위치의 정확도는 그 양자의 파장에 반 비례 할 수밖에 없습니다. 파장이 짧을수록 양자가 동시간에 존재하는 공간이 줄어들기 때문에 정확한 위치를 특정할 수 있는 확률이 증가합니다. 그런데 물질파 이론에 의하면

$$\text{파장은}$$
$$\lambda = \frac{h}{p}$$

p는 운동량, h는 플랑크 상수로 표현이 됩니다. 즉 운동량이 클수록 파장은 짧아지게 됩니다. 파장이 짧을수록 위치를 더 정확하게 표현할 확률이 증가합니다. 이 둘을 연결해서 살펴보면

짧은 파장 : 입자가 높은 운동량을 가지고 있을 때, 즉 짧은 파장을 가지면, 그 입자의 위치를 상대적으로 더 정확하게 측정할 수 있습니다. 하지만, 이 경우 운동량의 불확정성이 커집니다.

긴 파장 : 입자가 낮은 운동량을 가지고 있을 때, 즉 긴 파장을 가지면, 그 입자의 위치를 덜 정확하게 측정할 수 있습니다. 하지만, 이 경우 운동량의 불확정성이 줄어듭니다.

양자는 자신의 파장보다 더 정확히 위치를 특정할 수 없습니다.

파장이 곧 위치의 불확정성 입니다.

$$\lambda = \Delta x$$

Δx : 위치의 불확정성

양자역학에서 파장이란 양자가 시간이 흐르지 않는 상태에서 존재하
공간이지 않나 생각해 봅니다.
파장이 길수록 동시간에 존재하는 공간이 커지게 됩니다.

미국드라마 "로스트룸"

의인화하여 사고 실험을 해봅시다. 갑은 시간을 흐르지 않게하는 초능력을 가지고 있습니다. 이는 많은 영화나 드라마에 단골로 나오는 소재입니다. 그런데 이러한 시간을 흐르지 않게 하는 초능력이 양자의 움직임과 너무나도 비슷합니다. 이를 가장 잘 나타낸 미국 드라마가 있습니다. 2006년도에 방영된 "lost room" 이라는 드라마입니다. 이 드라마에서도 시간을 멈추게 하는 능력을 가진 사람이 등장합니다. 영화나 만화책에서 시간을 멈추게 하는 능력은 치트키 이며 무적의

능력입니다. 하지만 이 드라마에서는 그렇지 못합니다. 한계가 존재하기 때문입니다. 이 드라마에서는 시간을 멈출수는 있지만 시간이 멈춘 상태에서는 다른 물질과 상호작용을 할수 없다고 나옵니다. 왜냐하면 시간이 멈춘 상태에서 자신은 움직일 수 있지만 다른 물질들은 시간이 멈춘 상태이기 때문에 상태의 변화를 줄 수가 없습니다. 즉 시간이 멈춘 상태에서 얼마든지 돌아다닐 수 있지만 시간이 멈춘 상태에서는 문을 열거나 물컵 조차 들 수가 없습니다.

왜냐하면 문의 시간은 멈춰져 있으며 물컵의 시간은 멈춰져 있기 때문에 상태를 변화시키는 상호작용을 할 수 없습니다. 문을 열기 위해서는 멈춘시간을 다시 흐르게 하여야 가능하다고 나옵니다.

즉 시간이 없는 상태에서 공간을 이동하고 돌아다닐수는 있지만 다른 물질과는 상호작용을 할수 없으며 상호작용을 하기 위해서는 멈춰진 시간을 다시 흐르게 하여야 한다고 영화에서는 나옵니다. 어떻게 보면 다른 영화에 나오는 시간을 멈추게 하는 능력보다 훨씬 현실적이라 할 수 있습니다.

이 초능력자는 양자역학에서 양자의 움직임과 너무나도 비슷합니다.

이 초능력자는 동 시간에 여러 공간에 존재할 수 있으며 양자 도약처럼 중간 과정 없이 공간을 순간 이동 처럼 이동할 수 있습니다. 12시 정각에 시간을 멈춘 상태에서 여러 공간을 돌아다닐 수 있기 때문에 파동처럼 여러 공간에 동시에 존재할 수 있으며 12시 정각에 두 개의 구멍을 동시에 통과할 수도 있습니다. 또한 12시 정각에 어느 위치에 존재했는지 정의 내릴 수 없으며 오로지 확률로만 표현됩니다.

중첩 또한 얼마든지 가능합니다. 12시 정각에 시간을 멈춘 상태에서 앉았다 일어 날 수 있습니다. 다시 앉을수도 누울수도 있습니다. 12시 정각에 앉아있으면 동시에 서 있었고 동시에 누워있기도 하였습니다. 완벽한 양자 중첩상태입니다. 하지만 동 시간에 여러 공간에서 상호작용을 할 수 없습니다. 상호작용을 하기 위해서는 시간을 흐르게 하여야 하기 때문입니다.

상호작용을 하지 않으면 파동, 상호작용을 하면 입자가 된다는 말은 "입자는 동시에 두 곳 이상에서 상호작용을 할 수 없다."라는 당연한 말로 바뀌게 됩니다. 비유하자면 양자역학은 마치 시간을 멈출 수 있는 초능력자의 움직임을 관찰하고 연구하는 것에 비견됩니다.

그 초능력자는 동 시간에 여러 공간에 존재하며. 정확한 위치를 측정할 수 없으며, 양자도약과 같은 중간과정이 없는 이동을 하며, 여러 가지 상태를 동시에 가지는 중첩이 가능합니다.

그런데 그 능력이 시간을 멈추는 능력이라는 것을 모르고 그 사람을 관찰하게 되면 그 초능력자의 움직임을 물리적으로 이해할 수가 없습니다.

하지만 그 초능력자의 능력이 "시간을 멈추게 하는 것"이라는 것을 알게 된다면 그 초능력자의 움직임을 너무나 쉽게 이해할 수 있습니다.

사실 이 예는 양자와 100프로 일치하는 예가 아닙니다. 또한 물리학 책에 드라마속 초능력을 예로 드는 것은 많은 비판을 받을 수도 있습니다. 그래서 책에서 이 내용을 빼려고도 생각해 보았지만 너무나도 재미있는 내용이기 때문에 빼지 않았습니다.

많은 과학자들이 이 드라마를 보았을 것입니다. 드라마 속 초능력자는 양자 도약처럼 중간과정 없이 이동하였으며 동 시간에 여러공간에 존재하지만 동시에 여러 공간에서 상호작용을 할수 없다고 나오며 상호작용을 하기 위해서는 다시 시간을 흐르게 하여야 한다는 설정이 너무나도 양자의 움직임과 일치합니다. 하지만 이를 양자의 움직임에 비유한 과학자는 없는 듯 합니다.

이 예가 양자역학의 양자와 모든 것이 일치하는 것이 아님미다. 양자가 시간을 멈추게 하는 초능력이 있다는 말이 아닙니다.

양자가 시간을 멈추게 하는 것이 아니라

양자의 세계에서는 원래 시간이란 없는 것이며 상호작용을 하게 되면 거시세계의 우리가 정의 내린 시간이라는 현상이 생기는 것입니다.

우리는 상호작용에 의해 중첩이 붕괴되고 하나로 확정되는 현상에 "시간"이라는 단어를 붙인 것일 뿐입니다.
이것이 인간이 말하는 인간이 정의 내린 "시간", "t" 입니다.

3장

시간과 공간의 양자화

양자역학에서의 양자는 불연속을 의미합니다. 양자의 반대는 연속성입니다.
먼저 양자의 뜻과 양자역학이 탄생하게된 배경을 간단하게 살펴봅시다. 양자역학의 탄생은 막스 플랑크의 에너지 양자화에서 시작되었다. 볼 수 있습니다.

흑체 복사와 막스 플랑크의 에너지 양자화

원자는 전하를 지닌 원자핵과 전자로 이루어져 있습니다. 원자의 진동은 주변 전자기장에 파동을 일으켜 전자기파를 발생시킵니다. 이때 전자기파 형태로 열에너지가 이동하는 현상을 복사라고 합니다.
복사 현상을 연구하면서 전자기파로 열에너지가 방출될 때 특정한 규칙이 있다는 것을 하이델베르크 대학의 물리학자 구스타프 키르히호프가 발견하게 됩니다. 이때 등장한 개념이 흑체라는 가상의 물체입니다. 어떠한 물체에 전자기파를 쏘게 되면 물체의 성질에 따라 일부는 흡수되고 일부는 반사되어 방출이 됩니다. 만약 모든 파장의 전자기파(빛)를 반사하게 되면 우리 눈에 하얀색을 띄게 보이게 됩니다. 정확하게는 가시광선을 모두 반사하게 되어 하얀색을 띄게 되는 것입니다.

만약 모든 전자기파의 파장을 흡수한다면 검은색을 띄게 됩니다. 많은 파장의 빛을 흡수할수록 물체는 검은색을 띄게 됩니다.

즉 우리가 보는 물체의 색이 틀린 이유는 각 물체마다 흡수하고 반사하는 빛이 다르기 때문입니다.

이때 반사되지 못하고 흡수된 전자기파는 물체의 온도를 상승시키게 됩니다. 여름에 검은색 물체일수록 빛을 흡수하여 온도가 쉽게 오르는 현상이 바로 복사 현상입니다.

흰색의 물체는 전자기파를 반사하기 때문에 온도가 쉽게 오르지 않습니다.

전자기파를 반사하지 못하고 흡수하여 물체의 온도가 올라가게 되면 다시 복사열의 형태로 전자기파를 방출하여 열 평형을 이루게 됩니다.

이때 복사의 형태로 방출되는 전자기파를 스펙트럼으로 나누어서 분석해 보면 여러 파장의 빛이 함께 분포되어 있는 것을 확인할 수 있습니다.

이때 방출되는 전자기파의 파장과 전자기파를 방출하는 물체의 관계를 연구한 사람이 바로 키르히 호프라는 과학자입니다.

그런데 이 실험을 오차없이 실행하기 위하여 나온 개념이 바로 흑체입니다. 어떠한 물체가 전자기파의 일부는 흡수하고 일부는 반사하게 된다면 복사로 나오는 전자기파와 반사되어 나오는 전자기파가 섞여 나오기 때문에 실험의 정확도가 떨어지게 됩니다.

우리가 원하는 것은 반사되어 나오는 전자기파가 아닌 물체에서 복사되어 나오는 전자기파만을 분석하는 것입니다.

반사되지 않고 모든 전자기파를 흡수하게 되는 물체에서 나오는 전자기파는 오로지 복사에 의한 전자기파 밖에 없습니다. 이를 실험적으로 구현해 낸 가상의 물체가 흑체입니다. 흑체란 전자기파를 반사하지 않기 때문에 반사되어 나오는 전자기파는 없는 물질입니다. 실험으로 완벽히 재현 할 수 없기 때문에 흔히 카본 블랙 같은 재료를 사용하여 비슷하게 구현합니다.

키르히 호프는 흑체를 이용한 여러 실험을 통하여 방출되는 전자기파의 파장이 오로지 그 물체의 온도와 관련이 있다는 것을 밝혀 냈습니다. 전자기파를 방출하는 물체의 모양 구성성분에 상관없이 그 물체의 온도만이 방출되는 전자기파의 파장을 결정한다는 것입니다.

물체의 구성성분과 모양이 다르다 하더라도 온도가 같다면 방출되는 전자기파의 파장 분포가 같다는 것입니다.

이를 여러 실험을 통하여 온도와 방출되는 전자기파의 파장 분포를 나타낸 그래프가 흑체복사 곡선입니다. 이 그래프는 수학적인 방정식을 통해 나온 것이 아닌 오로지 실험을 통해 밝혀진 내용입니다.

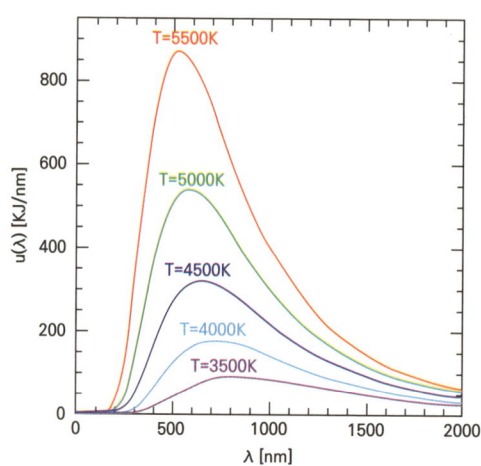

실험 결과로 나온 그래프를 물리학자들은 가만 보고 있지 않습니다. 왜 이러한 그래프가 나오는지 수학적으로 계산하고 수학이라는 언어로 표현하며 이를 논리적으로 설명하고자 합니다. 그것이 물리학입니다.

실험 결과 나온 데이터가 기존에 있던 이론과 일치하는지 만약 일치하지 않는다면 그 이유를 연구하는 학문이 물리학이며 물리학은 이러한 방식으로 실험 결과와 이론을 일치시키면서 발전해왔습니다.

그 대표적인 결과가 양자역학입니다.

다시 흑체 복사로 돌아가서 흑체 복사 그래프를 수학적으로 표현하기 위하여 많은 과학자들이 뛰어 들었습니다.

처음 등장한 대표적인 과학자가 빈과 레일리 진스입니다.

이 부분은 참고만 하시고 굳이 읽지 않으셔도 됩니다.

1. 빈의 변위 법칙

빈의 변위 법칙은 흑체 복사에서 최대 방출 파장의 위치가 온도에 따라 변하는 법칙입니다. 수학적으로는 다음과 같이 표현됩니다.

$$\lambda_{max} = \frac{a}{T}, \text{ 이때 } a = 2.898 \times 10^{-3} mK$$

λ_{max}는 최대 방출 파장, T는 절대 온도 (켈빈), a는 빈 상수로 $a = 2.898 \times 10^{-3} mK$

온도와 파장 : 온도가 높아질수록 최대 방출 파장이 짧아집니다. 예를 들어, 높은 온도의 물체는 푸른빛(짧은 파장)을, 낮은 온도의 물체는 붉은빛(긴 파장)을 방출합니다.

관계 설명

흑체 복사와 빈의 변위 법칙은 밀접한 관계가 있습니다. 흑체 복사 스펙트럼의 최대 방출 파장이 온도에 따라 변하는 것은 빈의 변위 법칙에 의해 설명됩니다. 이는 흑체의 온도가 증가할수록 방출되는 빛의 파장이 짧아진다는 것을 의미합니다. 빈의 법칙은 온도에 따른 흑체 복사의 특성을 이해하는 데 중요한 도구입니다.

2. 레인리 진스 공식

레일리-진스 법칙은 고전 물리학을 기반으로 흑체 복사의 스펙트럼을 설명하려는 시도입니다. 이는 특정 온도에서 흑체가 방출하는 전자기 복사의 에너지를 주파수나 파장에 따라 표현한 것입니다.

레일리-진스 법칙은 다음과 같이 표현됩니다.

$$u(\nu, T) = \frac{8\pi\nu^2}{c^3} k_B T$$

여기서, $u(\nu, T)$는 진동수 ν에서의 에너지 밀도, ν는 진동수 (단위: Hz) c는 빛의 속도, k_B 는 볼츠만 상수($1.38 \times 10^{-23}\ J/K$) T는 절대 온도 (단위 : K, 켈빈)

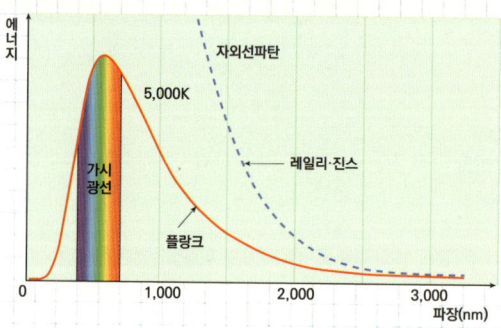

그런데 빈의 공식은 파장이 짧은 쪽에서는 실험결과와 비슷한 결과가 나왔지만 파장이 긴쪽은 설명하기에는 부족했습니다.

반면 레인리 진스의 법칙은 빈의 공식과는 반대로 파장이 긴쪽은 실험결과와 비슷했지만 자외선 파탄으로 인하여 파장이 짧은 쪽은 설명할 수 없었습니다. 이는 고전물리학으로는 설명할 수 없는 현상이었습니다.

이때 등장한 과학자가 막스 플랑크입니다.

이 과정이 정말 재미가 있습니다.

막스 플랑크는 빈의 공식과 레인리 진스 공식을 수학적으로 합쳐서 이 둘을 모두 만족시키고자 하였습니다. 즉 파장이 짧을 때는 빈의 공식이, 파장이 길 때는 레인리-진스 공식이 나타나도록 수학적 기교를 이용하면 이 둘을 모두 만족시키는 공식을 만들 수 있을 것이라고 생각했습니다.

그렇게 나온 공식입니다.

$$u(\nu, T) = \frac{8\pi h \nu^3}{c^3} \times \frac{1}{e^{\frac{h\nu}{k_B T}} - 1}$$

$u(\nu, T)$: 주파수 ν에서의 단위 부피당 복사 에너지 밀도

ν : 주파수 (단위: Hz),

h : 플랑크 상수 ($6.626 \times 10^{-34} j \cdot s$)

c : 빛의 속도, k_B 는 볼츠만 상수 ($1.38 \times 10^{-23} J/K$)

T : 절대 온도 (단위 : K).

여기에서 위 공식을 만들던 중 $E=nh\nu$이라는 공식이 등장합니다.

여기서 전자기파의 E는 에너지이며 n은 정수, h는 플랑크 상수, ν는 진동수입니다.

여기에서 중요한 점은 "n" 은 "정수"이어야 위에 방정식이 수학적으로 성립한다

는 것입니다.

n은 1, 2, 3, 4, 5 와 같은 정수만 가능하며 1.2, 1.343 와 같은 숫자는 불가능하다는 것입니다.

수학적으로 빈의 공식과 레인리 진스공식을 합치던 중 두 공식이 합쳐지기 위해서는 n이 정수인 경우에만 수학적으로 가능했기 때문입니다. n이 정수가 아닌 경우는 플랑크 법칙이 수학적으로 성립되지 않았습니다. 그래서 플랑크는 어쩔 수 없이 n이 정수인 경우에만 성립한다는 조건을 달고 공식을 공개하게 됩니다. 여기에서 에너지의 불연속성과 양자화가 나오게 됩니다.

$E=nhv$(n은 정수)이 공식에 의하면 $2hv$, $3hv$, $4hv$만 가능하며 $2.1hv$와 같은 에너지는 위 공식에서 불가능하다는 것입니다. 연속적이기 위해서는 1과 2사이에 무수히 많은 숫자가 들어가야 됩니다. 1.2, 1.3, 1.35, 1.475 와 같은 무수히 많은 숫자가 있어야지만 연속적인 그래프를 그릴 수 있습니다. 하지만 양자의 세계는 그렇지 않았습니다. 연속적인 세상이 아닌 1, 과 2 사이에 아무 것도 없는 불연속적인 세상이었던 것입니다.

여기에서 양자란 "불연속"을 의미합니다. 연속적으로 무한이 많은 숫자가 존재하는 것이 아니라 중간 과정이 없는 특정 숫자만 존재하는 것을 양자화 되어 있다라고 합니다.

여기에서 정수라는 개념이 정말 중요합니다. 수학 공식에서 변수가 "정수"이어야 한다는 조건이 들어가는 순간 연속이 아닌 불연속을 의미합니다. 정수는 1, 2, 3과 같은 수이며 1.23, 1.24 와 같은 숫자는 정수가 아니기 때문입니다.

연속적

불연속적

여기에서 재밌는 점은 플랑크는 죽을 때까지 양자화를 받아들이지 못하였습니다. 자신의 공식이 유도되기 위해서는 n은 정수여야 하는데 이는 에너지가 불연속적이라는 것을 의미했습니다. 플랑크는 에너지가 불 연속적일 수 없다. 라고 끝까지 생각했으며 플랑크 법칙에서 n이 정수가 아닐 때 에도 성립하는 공식이 있을 거라 생각했습니다.

단지 자신의 공식이 완벽하지 못해서 정수가 아닌 경우는 설명하지 못한다고 생각했습니다. 그래서 n이 정수가 아닐 때에도 성립하는 즉 에너지가 불연속적이 아니라 연속적인 상황에서도 성립하는 공식을 찾으려고 노력했지만 끝내 찾지 못 하였습니다.

그 이유는 막스 플랑크가 믿지 못했지만, 실제로 에너지는 양자화되어 있었기 때문입니다. 즉, 정답이 없는 곳에서 정답을 찾은 셈입니다.

플랑크는 "에너지가 양자화 되어 있으며 불연속적이다."라고 주장하고 플랑크 법칙을 만든 것이 아니라 흑체 복사 곡선을 설명하기 위해서 공식을 만들던 중 n이 정수 이여야지만 두 개의 공식을 하나의 방정식으로 합칠 수 있었기 때문에 어쩔 수 없이 "n"은 정수이여야 한다는 조건을 달고 방정식을 발표한 것입니다.

막스 플랑크는 자신의 방정식이 n이 정수인 상황만을 설명할 수 있는 불완전한 방정식이라 생각한 것입니다. 하지만 아이러니 하게도 그렇지 않았으며 실제 자연은 n이 정수일 때만 존재하는 불연속의 세상이었던 것입니다.

플랑크는 자신이 의도하지 않았지만 이 우주가 양자화 되어 있다는 것을 최초로 증명한 것입니다.

뒤집어 생각해보면 에너지가 양자화 되어 있었기 때문에 흑체 복사 곡선이 만들어 졌던 것입니다. 레인리 진스는 에너지가 양자화 되어있지 않다고 생각하고 방정식을 만들다 보니 파장이 짧은 구역에서는 자외선 파탄이라는 현상이 나타나게 되었으며 현실과 일치하지 않았던 것입니다.

정리하자면 처음에는 몰랐지만 에너지가 불연속적으로 양자화 되어 있기 때문에 흑체 복사 곡선이 만들어졌던 것입니다. 다른 수학자들은 에너지가 연속적이라 생각하였고 그러한 고정관념에서 수학공식을 만들다 보니 흑체 복사 곡선을 완벽히 설명할 수 있는 방정식을 만들지 못하였습니다.

이때 막스 플랑크가 수학적으로 풀다보니 에너지가 양자화 되어있다는 가설을 세워야지만 공식이 만들어 졌기 때문에 어쩔 수 없이 n은 정수이어야 한다는 조건을 달고 공식을 먼저 발표 하였습니다. 뒤에 n이 정수가 아닌 경우도 설명할 수 있는 방정식을 만들려고 했지만 당연히 실패했습니다. 실제 우주는 n이 정수인 경우에만 해당했기 때문입니다.

뒤에 아인슈타인의 광양자이론과 여러 과학자 들에 의해서 에너지의 양자화가 완전히 밝혀지게 됩니다.

시간과 공간은 연속적일까? 불연속적일까?

결어긋남을 일으키는 상호작용이 시간이라고 하였습니다. 상호작용과 시간은 비례합니다. 비례상수를 저는 알지 못하지만

$$\text{decoherence(결어긋남)의 횟수} \propto \text{시간}$$

뒤에 나오겠지만 아인슈타인의 상대성이론에 의하면 시간과 공간은 하나입니다. 그렇기 때문에

$$\text{decoherence(상호작용)의 횟수} \propto \text{공간}$$

라고 표현할 수 있습니다.

그런데 여기에서 상호작용의 횟수는 "양의 정수"이어야 합니다. 1.5 번 상호작용을 하였다. 1.7번 상호작용을 하였다는 표현은 불가능합니다. 상호작용의 횟수는 1번 2번 3번 이와 같이 양의 정수만이 가능합니다. 상호작용의 횟수가 정수라면 시간 또한 정수배로 증가하여야 하며 시간은 에너지와 마찬가지로 불연속적이며 양자화 되어있다고 볼 수 있습니다.

시간이 양자화 되어 있다면 당연히 공간 또한 불연속적이고 양자화 되어 있을 것입니다. 특수 상대성 이론에 의하면 시간과 공간은 같기 때문입니다.

만약 시간이 양자화 되어있지 않고 연속적으로 흐른다면 시간이 없는 세계가 존재할 수 없습니다.

"시간이 연속적으로 흐른다."

이 말 자체가 시간은 항상 존재한다는 의미를 내포하고 있습니다. 시간이 존재하지 않는 세계는 시간이 흐르지 않는 세계이기 때문입니다.

시간이 없는 단계가 존재한다면 시간은 불연속적일 수밖에 없습니다.

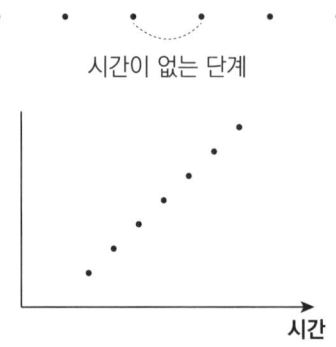

시간의 불연속성

"시간이 불연속적이다." 이 말 자체에는 시간이 흐르지 않는 단계가 존재한다는 의미를 내포하고 있습니다.
시간이 흐르지 않는다. 는 말 자체가 "시간이 불연속적이다."를 의미합니다.

"상호작용이 시간이다." 와 "시간이 불연속적이다."
이 둘은 같은 말입니다.

비유하자면 이 우주는 티비 속 동영상과 비슷합니다.
60프레임의 동영상을 본다면 마치 동영상 속 사람이 연속적으로 움직이는 것처럼 보이지만 사실은 1초에 60장의 정지한 그림이 빠르게 전환되어 착시 현상으로 연속적으로 보이는 것일 뿐입니다.
우리의 시간과 공간 또한 연속적으로 보이지만 이는 착시 현상일 뿐입니다. 상호작용에 의한 결어긋남의 횟수는 "정수"이기 때문입니다.
개인적인 생각인데 이 우주의 모든 것이 양자화되어 있는 이유가 "상호작용에 의한 결어긋남이 시간과 공간"이며 상호작용의 횟수는 "양의 정수"이기 때문이지 않나 생각해 봅니다.

4장

빛의 속도에 대한 미스테리와 상대성이론

빛의 속도에는 여러 가지 의문점과 특징이 있습니다.

첫 번째 우주에서 가장 빠른 물질이다. 빛보다 빠를수가 없다.
두 번째 우주에서 가장 빠른 물질이라면 무한대의 속도여야 하는데 유한한 c라는 속도를 가진다.
세 번째 빛은 상대속도가 존재하지 않으며 관찰자가 움직이는 상태이든 정지해 있는 상태이든 누구에게나 항상 c라는 일정한 속도를 가진다.
네 번째 속도에 영향을 끼치는 요소 중 하나가 에너지이다. 에너지를 가하게 되면 물체의 속도는 증가한다. 당연히 빛 또한 에너지를 가지고 있으며 빛마다 가지고 있는 에너지가 다르다. 하지만 빛은 에너지의 크기에 상관없이, 빛의 종류에 상관없이 모두 항상 c라는 일정한 속도를 가진다. 즉 에너지가 속도에 영향을 끼치지 못한다. 이는 빛이 유일하다.

지금부터 이 네 가지 비밀을 모두 풀어 보겠습니다. 이 과정에서 필연적으로 아인슈타인의 특수상대성이론이 나오게 됩니다.

빛이 우주에서 가장 빠른 이유와
에너지가 달라도 속도가 같은 이유

물체의 속도에 영향을 끼치는 요소는 크게 두 가지로 볼 수 있습니다.

첫 번째 그 물체에 가해지는 에너지
두 번째 그 물체의 무게입니다.

물체의 속도를 높이기 위해서는 에너지를 가해야 합니다. 그 에너지가 많을수록 당연히 속도는 높아집니다.
즉 속도와 에너지는 비례합니다.

$$에너지 \propto 속도$$

같은 에너지를 가했을 때 무게가 가벼울수록 더 빠른 속도를 내게 됩니다.
즉 속도와 무게는 반 비례 합니다.
이 두 개를 합치게 되면 이러한 식이 됩니다.

$$속도 \propto \sqrt{\frac{에너지}{질량}}$$

바로 중학교 때 배우는 운동에너지 공식입니다.

$$E = \frac{1}{2}mv^2$$

속도를 높이기 위해서는 더 가볍게 더 많은 에너지를 공급해주면 됩니다.
가장 빠른 속도란 가장 많은 에너지를 가하고 가장 가벼운 물체일 것입니다.

만약 무한대의 에너지를 공급해주고 무한대로 가벼운 물질이 있다면 이 물체가 바로 우주 최고의 속도를 가지는 물체일 것입니다.

그런데 여기에서 우주의 에너지는 유한합니다. 그렇기 때문에 무한대의 에너지를 가하는 것은 불가능합니다.

즉 분자인 에너지를 높여 속도를 높이는 것에는 한계가 있습니다.

하지만 무한대로 가볍게 만드는 것은 가능합니다.

0.1, 0.000000000001, 0.00000000000000000001

이런식으로 무한이 가볍게 만들어 갈 수 있습니다.

즉 무한이 가벼운 물질이 우주 최고의 속도에 가까워질 것입니다.

이 무한이 가벼운 물질이 바로 빛입니다. 이 우주에 빛보다 가벼운 물질은 없습니다.

어느 정도 가볍냐면 질량이 "0"입니다. 질량이 없습니다.

사실 빛의 질량에 대해서는 설명할 내용이 많습니다. 지금은 정지 질량이 "0" 이다. 정도만 알고 넘어가겠습니다.

"0"보다 더 가벼울 수는 없습니다.

0.0000000000000001

0.00000000000000000000000000000000000000000000000001

이 숫자 또한 "0" 보다는 무한이 무겁습니다.

즉 질량이 아무리 작더라도 질량을 가지는 물질은 질량이 "0"인 물질보다 무한이 무거운 것이 됩니다.

질량=0을 위에 속도의 식에 넣어 봅시다.

$$속도 \propto \frac{에너지}{질량}$$

$$속도 \propto \frac{에너지}{0}$$

분모가 "0"인 식이 됩니다. 즉 무한대의 속도입니다.

우리의 우주는 두 가지 물질로 나누어 생각할 수 있습니다. 질량이 있는 물질과 질량이 "0"인 물질

질량이 있는 물질은 질량이 "0"인 물질보다 빠를 수 없습니다.

위에 식에서 재미있는 현상을 하나 더 발견할 수 있습니다.

분모인 질량이 "0"이 되면 분수의 특성상 분자는 아무 의미가 없어집니다.

$\frac{1}{0}, \frac{1000}{0}, \frac{1000000}{0}$ 은 모두 같습니다.

즉 분자인 에너지는 더 이상 속도에 영향을 끼칠 수 없습니다.

질량이 무한대로 가벼운 "0" 이라면 에너지는 속도에 영향을 끼칠 수 없습니다.

그렇기 때문에 실제로 빛은 에너지의 량에 상관없이 모두 같은 우주 최고의 속도를 가지게 됩니다.

사실 위 식에서 분자인 에너지가 무한대가 된다면 분모인 질량은 속도에 영향을 끼치지 못합니다. 무한대를 유한한 숫자로 나누어 봤자 똑같은 무한대입니다. 즉 위 식에서 분모가 "0" 이 되면 분자는 의미가 없으며 분자가 "무한대"가 되면 분모는 의미가 없습니다.

그런데 분자인 에너지는 무한대가 될 수 없으므로 생각할 필요가 없는 것입니다.

이로써 첫 번째와 네 번째 의문점은 풀렸을 것입니다.

우주에서 가장 빠른 물질이라면 무한대의 속도여야 하는데 유한한 "C"라는 속도를 가진다.

이 명제에 대해 알아 봅시다.
사실 위 식은 아인슈타인의 특수상대성이론이 접목되지 않은 고전역학적 개념입니다. 그래도 위 식이 의미가 있는 점은 고전역학이든 상대론적 속도 에너지이든 속도는 질량에 반비례하고 에너지에 비례한다는 사실은 같기 때문입니다.
그리고 고전역학이든 특수상대성이론이든 가장 가벼운 물질이 가장 **빠른** 물질이다. 라는 사실은 모두에 적용 됩니다. 즉 질량이 "0"인 물질이 우주 최고의 속도가 된다는 것은 고전 역학이든 특수상대성이론이든 모두 같습니다.
이 책에서는 가급적이면 복잡한 수학공식을 제외하고 최대한 간단한 공식만 사용하기 위해 노력하였습니다.
이제 아인슈타인의 특수 상대성이론을 빛의 속도에 접목해 봅시다.
빛이 유한한 c라는 속도를 가지는 이유는

$$E=mc^2$$

이기 때문입니다.
이식을 통해 여러 가지 방법으로 빛의 속도에 대해 이해시켜 드리겠습니다.
좌변은 에너지이며 우변은 질량입니다. 위 식은 질량과 에너지가 같다는 말이 됩니다.
즉 에너지가 질량으로 변할 수 있으며 질량이 에너지로 변할 수도 있습니다.
일반적으로 빛의 속도보다 더 **빠**를 수 없는 이유를 설명할 때에도 이 원리를 이용해 설명합니다.
속도를 높이기 위해 에너지를 가하게 되면 그 에너지 중 일부가 질량으로 변하게 되어 질량이 증가하게 됩니다. 질량이 증가하게 되면 속도를 높이기 더 힘들어지게 되며 속도를 높이기 위해 더 많은 에너지가 필요합니다.

더 큰 에너지를 가하면 무게는 더 무거워져 속도를 높이기 더 힘들어 집니다. 이러한 순환을 반복하면서 거의 무한대의 에너지를 가하게 되더라도 질량 또한 무한대에 가깝게 늘어나기 때문에 빛의 속도에 도달할 수 없습니다.

분자인 에너지를 증가시키게 되면 분모인 질량이 같이 증가하게 되기 때문에 유한한 속도를 가질 수밖에 없는 것입니다.

에너지와 질량이 같기 때문에 우주의 속도에는 제한이 있을 수밖에 없습니다.

$$V \propto \sqrt{\frac{E}{m}}$$

여기에서 $E=mc^2$ 분모와 분자에 모두 m이 들어가며 서로 상쇄된다.

$$V \propto \sqrt{\frac{E}{m}} \Rightarrow V \propto \sqrt{\frac{mc^2}{m}}$$

이 식에서 $E=mc^2$이기 때문에 분모에 있는 질량과 분자에 있는 질량이 상쇄되며 c라는 유한한 속도를 가지게 되는 것입니다.

즉 분모인 질량이 "0"이라 하더라도 분자에 질량이 있기 때문에 이 둘은 서로 약분이 되어 없어지게 됩니다. 그렇기 때문에 질량이 "0"이라 하더라도 유한한 속도를 가질 수 있는 것입니다.

분모인 질량과 분자인 에너지가 사실은 $E=mc^2$으로 같기 때문에 변수인 질량과 에너지는 서로 약분이 되어 없어지게 되고 상수인 c 만 남게 되는 것입니다.

그런데 왜 하필 그 속도가 c일까요?

그것은 $E=mc^2$이 식에서 비례상수가 c^2이기 때문입니다.

만약 비례상수가 100이였다면 빛의 속도는 10이였을 것입니다. 비례상수가 작다는 말은 작은 에너지로도 질량이 더 많이 증가한다는 말이 되며 그렇게 되면 속도를 높이기가 더 어려워 지게 되고 우주의 최고 속도는 낮을 수밖에 없습니다.

반대로 비례상수가 높아지면 가해지는 에너지가 질량으로 적게 전환되기 때문에 최고속도는 더욱 높아질 것입니다.

즉 질량과 에너지 등가 공식에서 붙는 비례상수가 우주 최고 속도와 비례할 수밖에 없습니다.

그 속도가 바로 C입니다.

$V \propto \sqrt{\dfrac{E}{m}}$ 여기에서 $E=mc^2$을 넣으면 에너지와 질량의 변수는 사라지며 상수인 c만 나오게 됩니다

실제 상대론적 에너지는

$$E^2=(pc)^2+(mc^2)^2$$

여기서 E는 총 에너지, p는 운동량, m은 정지 질량, c는 빛의 속도

여기에서 빛은 정지질량이 0이기 때문에 총에너지는 $E=pc$가 됩니다. 정지해 있는 물체는 운동량이 0 이기 때문에 $E=mc^2$입니다. 즉 정지해 있는 물체는 질량만큼 에너지를 가지고 있습니다.

정지해 있던 질량 m이 사라지면서 pc만큼의 에너지를 가지게 되는 것이 빛입니다.

만약 m이라는 질량이 사라지면서 pc만큼의 에너지를 가지는 광자 하나가 만들어졌다면

이 광자의 에너지는 에너지 보존의 법칙에 의해 $E=mc^2$과 같습니다.

광자의 에너지 $E=pc=mc^2$이 됩니다. 여기서 m은 정지질량입니다.

여기에서 $E=mc^2$는 $E=\dfrac{1}{2}mv^2$의 운동에너지 공식과 너무나도 비슷합니다.

빛의 속도 v는 c입니다. 이를 고전 역학적으로 본다면 광자의 에너지는 질량 m의 물질이 가속 없이 c라는 속도에 도달했을 때 가지는 운동에너지의 공식과 일치합니다. $\frac{1}{2}$ 이 사라지는 이유는

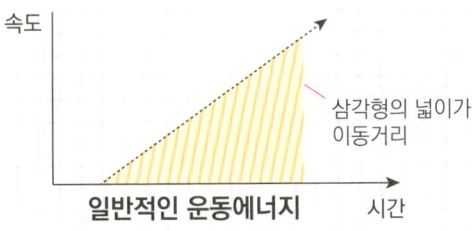

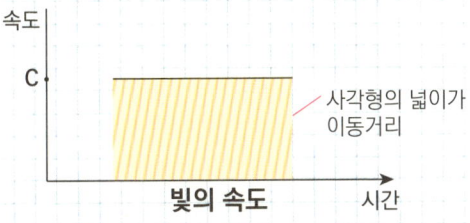

위에 그림과 같이 밑에 면적은 이동 거리입니다. 빛을 제외한 물질은 고전역학적으로 가속도가 있는 상황에서 속도가 연속적으로 증가하기 때문에 삼각형의 모양이 되고 그래서 삼각형의 면적을 구할 때 들어가는 $\frac{1}{2}$ 이 들어가게 됩니다. 하지만 빛은 가속도 없이 항상 c의 속도를 가집니다. 빛은 정지해 있던 질량 m이 사라지면서 생성되는 물질로 질량 □이 사라졌기에 질량은 "0"이며 c 라는 속도를 가지는 물질이 됩니다.

광원에서 만들어 질 때 속도 0에서 가속하여 c가 되는 것이 아니라 속도 0 에서 불

4장 빛의 속도에 대한 미스테리와 상대성이론 **125**

연속적으로 가속없이 c의 속도를 가지며 그렇기 때문에 $\frac{1}{2}$ 이라는 비례상수가 없어지지 않나 생각해 봅니다.
$E=mc^2$은 빛이 만들어 질 때 가속없이 c에 도달하는 의미가 숨겨져 있지 않나 개인적으로 생각해 봅니다.

빛은 상대속도가 존재하지 않는다.

상대속도가 무엇인지부터 살펴봅시다.
시속 50키로로 이동하고 있는 자동차가 있습니다. 만약에 맞은편에서 시속 70키로의 속도로 자동차가 오고 있다면 그 자동차의 속도는 120키로로 보일것입니다. 만약 같은 방향으로 70키로로 가고 있는 자동차를 보게 되면 자동차의 속도는 20키로로 보일 것입니다.
이것이 고전역학적 상대속도입니다.
그런데 빛은 이러한 상대속도가 존재하지 않고 항상 c 라는 속도를 가지게 됩니다. 빛의 속도는 초속 30만 키로미터 입니다. 고전역학적으로 보았을 때 만약 빛의 반대 방향에서 시속 10000키로의 속도로 달리며 빛의 속도를 측정하게 되면 $c+10000$의 속도여야 하며 빛과 같은 방향으로 달리면서 빛의 속도를 측정하게 되면 속도는 $c-10000$이어야 합니다. 하지만 놀랍게도 빛은 관찰자의 속도에 관계없이 항상 c라는 속도를 가지는 것으로 수학적, 실험적으로 밝혀 졌습니다.
실험적으로는 마이컬슨-몰리 실험에 의해 에테르란 없기 때문에 빛은 상대속도가 존재하지 않고 관찰자의 속도에 상관없이 항상 c라는 속도를 가진다는 것이 밝혀졌습니다.

그러나 이 실험에 앞서 "빛은 상대속도가 존재하지 않는다."는 명제는 처음 맥스웰 방정식에서 나왔습니다. 즉 실험에 앞서 수학적으로 먼저 예견되었습니다. 맥스웰은 모든 전자기 현상을 4개의 방정식으로 정리하였습니다. 전기와 자기는 서로 꽈배기처럼 타고 넘으며 앞으로 전진합니다. 이것을 전자기파라고 합니다. 그런데 이 수학적으로 계산된 전자기파의 속도가 푸코가 측정한 빛의 속도와 너무나도 비슷했습니다. 그래서 맥스웰은 빛은 "전자기파"라는 결론에 도달하게 됩니다.

맥스웰 방정식에 나오는 빛의 속도 c는 전기 및 자기 상수(진공의 유전율 ϵ_0과 투자율 μ_0)에 의해 결정되며, 관찰자의 움직임과는 무관한 상수로 나타납니다. 이는 빛의 속도가 어떤 관찰자의 속도와 상관없이 항상 일정함을 수학적으로 보여줍니다. 즉, 관찰자의 상대적인 속도에 따라 빛의 속도가 변하지 않는다는 특성이 맥스웰 방정식에 내포되어 있습니다. 또한 패러데이의 실험결과가 이를 뒷받침했습니다. 즉 빛은 상대속도가 존재하지 않고 항상 c라는 속도를 가진다.는 의미가 방정식에 들어 있었습니다. 이는 고전역학적으로는 정말 이해하기 힘든 결론이었습니다.

이를 완벽히 해결한 사람이 바로 그 유명한 아인슈타인입니다. 그 과정이 너무나도 재미있습니다. 기존 뉴턴식 고적역학으로는 절대 해결할 수 없는 문제였기 때문에 아인슈타인은 발상의 전환을 합니다. 기존 이론으로는 설명할 수 없다면 "기존 우리가 알고 있던 상식이 잘못된 것은 아닐까?"라고 생각한것입니다. 그 상식은 바로 시간과 공간은 절대적으로 모든 사물에 똑같이 흐른다. 라는 고정관념이었습니다. 이 고정관념을 무너트린 사람이 아인슈타인입니다.

즉 기존이론으로 설명하기 위하여 기존 과학자들처럼 에테르라는 개념을 넣어서 "빛은 상대속도가 존재하지 않는다"를 증명하려고 노력한 것이 아니라 "빛은 상대속도가 존재하지 않고 항상 일정한 속도를 가진다"는 절대 법칙이다. 이를 있는 그대로 사실로 받아들이고 이 명제가 맞기 위해서는 어떠한 조건이 필요한 가를 연구한 것입니다.

속도란 공간을 시간으로 나눈 분수입니다.

$$속도 = \frac{공간}{시간}$$

고전 역학적으로 보았을 때 시간과 공간은 모두에게 절대적이며 그렇기 때문에 속도 또한 변할 수밖에 없습니다.

하지만 빛의 세계에서 빛의 속도는 항상 c로 일정해야 합니다.

즉 "속도=$\frac{공간}{시간}$"이 방정식에서 좌변인 속도는 절대 변하지 않는 상수입니다. 그렇다면 우변인 시간과 공간이 변해야 됩니다.

이것이 특수 상대성 이론입니다.

광속이 불변하기 위해서는 시간과 공간이 상대적으로 변하면 가능하다.

이를 수학적으로 계산해 보면 속도가 증가할수록 시간이 천천히 흐르게 된다는 결론에 도달하게 됩니다.

빛의 시계를 이용한 사고 실험을 해봅시다. 이 시계는 길이가 30만 키로입니다. 빛의 속도는 1초에 30만 키로를 가기 때문에 1초마다 꼭대기에 도달했다가 다시 1초 뒤에 바닥에 도착합니다. 즉 왕복 2초로 계산 되어지는 시계입니다. 움직이는 물체와 정지해 있는 물체에 빛의 시계를 만들고 정지해 있는 사람이 움직이는 물체에 장착된 빛의 시계를 본다고 했을 때

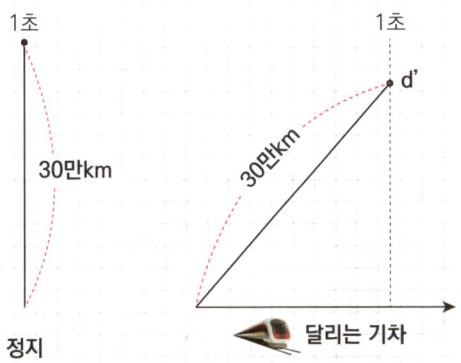

그림에서 움직이는 기차에 있는 빛의 시계는 대각선으로 이동한 것이 됩니다. 고전역학적 상대속도의 개념으로 보면 빛의 속도가 증가하여 정지해 있는 빛의 시계와 같은 시간에 꼭지점에 도착해야 합니다. 하지만 빛은 상대속도란 존재하지 않으며 속도는 불변입니다. 그렇기 때문에 기차 안에 있는 빛의 시계는 꼭대기에 도착하지 못하고 d'에 도달해 있을 것입니다.

정지해 있는 빛의 시계는 꼭대기에 도착하였습니다. 1초의 시간이 흐른 것입니다. 그렇다면 기차 안의 빛의 시계는 1초가 아닌 d'의 시간이 될것입니다. 즉 시간이 천천히 흐른 것이 됩니다. 빛은 상대속도가 존재하지 않고 항상 C로 움직이기 때문에 움직이는 물체에 들어 있는 빛 시계의 시간이 천천히 흐른 것이 됩니다. 이를 수학적으로 계산하면

$$t = \frac{t_0}{\sqrt{1 - \frac{v^2}{c^2}}}$$

t_0 : 정지한 상태에서의 시간

t : 한 관성 좌표계에 대하여 v의 속도로 움직이는 물체의 시간

이와 같습니다.

또한 속도가 일정하기 위해서는 시간이 줄어드는 만큼 공간도 같은 비율로 줄어들어야 합니다.

속도=$\frac{공간}{시간}$ 여기에서 분모인 시간이 50프로 줄어 들었다고 해봅시다. 그런데 속도가 일정하기 위해서는 공간도 50프로 줄어들어야 속도가 일정할 수 있습니다.

$$c = \frac{30만km}{1초}$$

이 식에서 분모인 시간이 0.5초가 되었다면 공간은 30만km의 반인 15만km가 되어야 합니다. 그래야 초속 30만 키로로 일정한 속도가 나오게 됩니다.
즉 움직이는 물체는 속도에 비례하여 공간과 시간이 줄어든다.
그렇기 때문에 "빛은 상대 속도가 존재하지 않는다."입니다.
또한 속도=$\frac{공간}{시간}$ 에서 속도 c는 상수입니다. 양변에 시간을 곱하게 되면
시간×c=공간이 됩니다. c는 변하지 않는 상수이므로 공간과 시간은 같다. 라는 결론에 도달하게 됩니다.
여기에서 수학적으로 더 계산하여 나온 방정식이 그 유명한 $E=mc^2$입니다.
이 과정 또한 생각해 봅시다.
속도에 대한 이야기가 나오고 있는데 갑자기 왜 에너지와 질량이 나올까요?
그 이유는 속도와 질량 에너지는 상호 밀접한 관련이 있기 때문입니다.

$$앞에\ E=\frac{1}{2}mv^2$$

에서 볼 수 있듯이 속도 질량 에너지는 연결되어 있습니다.
움직이는 물체는 시간이 천천히 흐르게 됩니다.

$$p=mv$$

운동량 공식입니다. 정지해 있든 등속 직선 운동을 하든 운동량은 보존되어야 합니다. 그러나 정지한 입장에서 등속 직선 운동을 하는 열차 안에 있는 사람을 관찰하면, 특수 상대성 이론의 시간 지연에 의해 시간이 천천히 흐르게 되어 마치 슬로우 모션으로 보입니다. 이 경우 시간 지연으로 인해 열차 안에 있는 사람의 속도는 감소하는 것처럼 보일 수 있습니다. 하지만 운동량은 보존되어야 하므로, 상대론적 효과에 의해 움직이는 물체의 질량이 증가하여야 합니다.

운동량이 보존되기 위해서는 시간 지연으로 인한 속도 감소를 보상하기 위해 질량이 증가해야 하는 것입니다. 이는 상대론적 질량 증가로 설명할 수 있습니다. 이와 같이 특수 상대성 이론에서는 시간 지연과 질량 증가가 서로 연결되어 있으며, 이를 통해 운동량 보존 법칙이 유지됩니다. 질량증가 식은

$$m=\frac{m_0}{\sqrt{1-\frac{v^2}{c^2}}}$$

여기서 m^0는 정지 질량을 의미하며 m는 한 관성 좌표계에 대하여 v의 속도로 움직이고 있는 물체의 질량입니다.

속도가 높을수록 질량은 증가하게 됩니다. 그런데 속도의 증가는 곧 에너지의 증가입니다.

즉 속도와 에너지는 비례관계이며 속도와 질량 또한 비례관계이기 때문에

$$\text{에너지} \propto \text{속도}, \quad \text{속도} \propto \text{질량}$$
$$\text{에너지} \propto \text{질량}$$

이를 수학적으로 계산하여 나온 결론이 상대론적 에너지 공식입니다.

$$E^2=(pc)^2+(mc^2)^2$$

이며 정지해 있는 물체는 운동량 $p=0$ 이므로 $E=mc^2$이 나오며 여기에서 m은 정지 질량입니다.

"빛은 속도는 상대속도가 존재하지 않는다."

이 단 하나의 명제를 통하여 아인슈타인은 시간과 공간은 절대적이지 않으며 상대적으로 변한다는 사실을 밝혀 냈으며 $E=mc^2$이라는 가장 유명한 공식을 오로지 머릿속에서 이끌어 냈습니다.

여기서 더 나아가 일반상대성 이론에서 중력이 무엇이지도 밝혀냈습니다.

그런데 시간에 대한 고정관념을 바꾸어 놓은 아인슈타인이 양자역학을 반대하고 이해하지 못했다는 것은 유명한 이야기입니다.

누구보다 기존 고정관념을 깨트렸던 아인슈타인이 왜 가장 획기적이었던 양자역학을 반대한 것일까요?

아인슈타인이 양자역학을 이해하지 못하고 반대한 이유

아인슈타인이 양자역학을 이해하지 못한 이유는 시간과 공간에 대한 고정관념 때문입니다.

아인슈타인은 시간에 대한 고정관념을 바꾸어 놓았습니다. 절대적으로 모든 곳에서 동등하게 흐른다고 생각하던 시간이란 개념을 시간이란 상대적으로 흐른다는 것을 밝혀 내며 시간에 대한 개념을 바꾸어 놓았습니다.

시간은 절대적으로 동일하게 흐른다. ⇒ 시간은 상대적으로 흐른다.

그런데 이 두 개념에는 공통점이 있습니다.

"시간은 흐른다." 입니다.

시간이 질량, 속도, 에너지에 따라 다르게 흐른다. 이 말에는 시간은 흐른다는 고정관념이 들어 있습니다.
시간이 절대적으로 동일하게 흐르든 질량과 속도, 에너지에 따라 다르게 흐르든 결국은 시간은 항상 흐른다는 개념이 공통적으로 들어 있습니다.
이것이 바로 아인슈타인이 가진 시간에 대한 고정관념이었던 것입니다.
시간이 흐르지 않는, 시간이 "0"인 경우를 생각하지 않은 것입니다. 항상 시간은 흐른다는 고정관념을 가지고 양자역학을 보았던 것입니다. 당연히 시간이 "0"인 세계를 이해할 수 없었습니다.
앞에서 설명했듯이

"빛보다 빠른 속도는 존재하지 않는다."

이 명제는

"시간이 0 이 아닐 때에는 빛보다 빠른 속도는 존재하지 않는다."

로 바뀌어야 합니다.
아인슈타인이 양자역학을 반대한 이유는 양자역학의 많은 부분이 특수상대성이론과 정면으로 배치되었기 때문입니다.
특수상대성이론이 맞다면 불가능해 보이는 현상들이 양자역학에서 관찰되었습니다.

아인슈타인 입장에서 양자역학을 인정하는 순간 자신이 발견한 특수상대성이론을 부정하는 꼴로 보일 수 있었습니다.

어떠한 점이 양자역학과 배치되는지 살펴 봅시다. 아인슈타인의 최대 업적 중 하나인 $E=mc^2$에 의해 빛은 유한한 c라는 속도를 가지며 빛보다 빠른 속도는 존재할 수 없습니다.

$E=mc^2$이라는 식에 의해 우주에는 속도 제한이 걸려있습니다. 무한대의 속도가 아닌 유한한 속도를 가질 수밖에 없습니다.

모든 물질은 "유한한 속도를 가진다." 무한대의 속도란 존재하지 않는다.

이 말을 다른 말로 바꾸면 모든 물질은 움직이거나 형태가 변화 하는데 시간이 소모된다는 의미입니다.

만약 무한이 빠르다면 동시에 여러 공간에 존재할 수 있습니다. 12시 정각에 부산에서 출발하여 12시 정각에 서울에 도착할 수 있습니다. 즉 12시 정각에 서울과 부산에 동시에 존재할 수 있습니다. 하지만 모든 물질은 유한한 속도를 가지기 때문에 부산에서 서울로 이동하는데 시간이 소모될 수밖에 없습니다. 그렇기 때문에 12시 정각에 부산과 서울에 동시에 존재할 수 없습니다. 이를 국소성이라 합니다. 하지만 양자역학은 반대로 "비국소성" 이라는 성질을 가집니다.

특수상대성이론은 우주가 국소성을 가진다는 것을 증명했습니다. 하지만 양자역학은 국소성이 아닌 비국소성의 성질 또한 가지고 있습니다. 비국소성의 성질이 가장 잘 드러나는 현상이 바로 양자얽힘 현상입니다.

또한 양자역학에서 가장 이해하기 힘든 실험 결과가 바로 이중슬릿 실험의 결과이며 이 또한 아인슈타인은 받아들이지 않았습니다.

아인슈타인과 양자역학 그리고 시간

앞에서 살펴 보았듯은 아인슈타인은 양자역학에 대해 많은 기여를 하였지만, 그 해석에 대해서는 깊은 비판을 제기했습니다. 이를 다시 한번 정리해 보면 재미가 있습니다.

기여한 부분

광양자설 : 아인슈타인은 1905년에 빛이 연속적인 파동이 아니라 입자인 광자(光子)로 구성되어 있다는 가설을 제시했습니다. 이는 막스 플랑크의 흑체 복사 이론을 기반으로 한 것으로, 광자의 에너지는 $E=hf$(여기서 h는 플랑크 상수, f는 빛의 진동수)로 표현됩니다. 이 가설은 후에 광전 효과를 설명하는 데 사용되었고, 아인슈타인은 이 공로로 1921년에 노벨 물리학상을 수상했습니다.

광전 효과 : 아인슈타인은 빛의 입자설을 통해 광전 효과를 설명했습니다. 이는 금속에 빛을 비추면 전자가 방출되는 현상으로, 빛의 세기와 상관없이 진동수가 충분히 높아야만 전자가 방출된다는 것을 보여줍니다. 이는 빛이 입자로 작용한다는 것을 증명했습니다.

브라운 운동 : 아인슈타인은 1905년에 브라운 운동에 대한 이론을 발표하여 원자의 존재를 증명했습니다. 이는 작은 입자들이 액체 속에서 무작위로 움직이는 현상을 설명한 것으로, 열 운동에 의한 분자의 충돌 때문이라는 것을 밝혔습니다.

보스-아인슈타인 통계 : 아인슈타인은 인도 물리학자 사티엔드라 나트 보스와 함께 보스-아인슈타인 통계를 개발했습니다. 이 통계는 입자들이 특정 상태에서 동일한 에너지를 가질 확률을 설명하는 것으로, 이는 보스-아인슈타인 응축과 관련된 현상들을 설명하는 데 중요한 역할을 했습니다.

찬성한 부분

아인슈타인은 초기 양자 이론의 많은 부분을 받아들였고, 이론의 발전에 기여했습니다. 그는 양자화된 불연속적 에너지가 물리학의 기본 원리 중 하나라는 것을 인정하고 밝혀냈습니다. 또한, 그는 빛이 입자로 작용할 수 있다는 점을 밝혔으며 양자역학의 입자, 파동 이중성을 찬성하였습니다.

아인슈타인이 양자역학에 대해 반대한 부분

아인슈타인은 양자역학의 특정 해석, 특히 코펜하겐 해석에 대해 강한 비판을 제기했습니다. 그의 주요 비판은 다음과 같습니다.

1. 결정론의 부재 : 아인슈타인은 양자역학이 본질적으로 확률적이라는 점을 받아들일 수 없었습니다. 그는 "신은 주사위 놀이를 하지 않는다(God does not play dice)"는 유명한 말을 통해, 자연은 본질적으로 결정론적이어야 한다고 주장했습니다. 그는 모든 물리적 현상이 특정한 원인과 결과를 가져야 한다고 믿었습니다.

2. 국소성 (Locality) : 아인슈타인은 국소성 원리를 중요시했습니다. 이는 물리적 사건이 국소적으로 발생하며, 정보가 빛의 속도를 초과하여 전달될 수 없다는 원칙입니다. 그러나 양자 얽힘 현상은 두 입자가 먼 거리에서도 상호작용할 수 있음을 보여주었고, 이는 아인슈타인이 받아들이기 어려웠습니다. 이를 설명하기 위해 아인슈타인은 EPR 패러독스를 제시했습니다.

3. 양자 얽힘 (Quantum Entanglement) : 아인슈타인은 양자 얽힘 현상을 "유령 같은 원거리 작용 (spooky action at a distance)"이라 불렀습니다. 이는 두 입자가 먼 거리에서도 즉각적으로 서로의 상태에 영향을 미친다는 현상으로, 국소성 원리에 반하는 것으로 보였습니다. 아인슈타인은 이를 통해 양자역학의 불완전성을 주장했습니다.

4. 파동 함수의 실재성 : 아인슈타인은 파동 함수가 물리적 실체를 나타내지 않는다고 믿었습니다. 그는 파동 함수가 단순히 입자의 상태에 대한 확률적 정보를 제공하는 도구일 뿐이라고 생각했습니다. 이는 보어와 하이젠베르크가 제안한 코펜하겐 해석과는 다른 견해였습니다.

아인슈타인은 아무도 관심을 가지지 않던 드브로이드의 물질파 이론을 적극 찬성하고 추천한 사람입니다. 드브로이드의 물질파 논문을 접한 아인슈타인은 "미친소리 같지만, 진실처럼 보인다."라고 하였고 적극 추천하였습니다. 당시 드브로이드는 박사 학위가 없는 대학원 생이었으며 전혀 유명하지 않은 무명의 과학자 였습니다. 물질파 이론은 1927년 실험으로 증명되어 1929년 노벨물리학상을 받습니다. 물질파 이론은 양자는 입자와 파동의 성질을 동시에 가진다는 양자의 이중성을 주장합니다. 이 주장 내용은 양자역학에서 가장 중요한 내용이며 양자의 가장 이상한 특징 중 하나입니다.

그런데 아이슈타인은 양자역학의 불확정성과 비국소성은 반대하면서 왜 당시 관심받지 못하던 물질파 이론을 적극 추천하여 양자역학의 발전을 이끌었을까요? 이는 재미있게도 아인슈타인의 업적과 밀접한 관련이 있습니다.

아인슈타인은 무수히 많은 업적을 남겼습니다. 그 중 대표적인 업적은 광전효과를 통한 빛의 입자설과 상대성이론입니다. 아인슈타인은 상대성이론이 아닌 광양자설로 노벨물리학 상을 받았습니다.

그런데 드브로이드의 물질파 이론은 아인슈타인의 빛의 광양자설을 더욱 발전시킨 이론입니다. 즉 자신이 노벨상을 받은 이론과 일맥상통하는 이론입니다. 그렇기 때문에 아무도 관심을 가지지 않던 물질파 논문의 중요성을 알 수 있었고 적극 추천할 수 있었습니다. 이는 양자역학 발전의 속도를 더욱 앞당겼습니다. 만약 아인슈타인이 발표한 광전효과를 통한 빛의 입자성을 드브로이드가 알지 못했다면 드브로이드는 물질파 이론을 만들지 못했을 것입니다. 왜냐하면 파동이라 생각하던 빛이 입자의 성질을 동시에 가진다는 것이 아인슈타인의 이론입니다. 드브로이드는 이를 한번 뒤집어서 생각했을 뿐입니다. "파동이라 믿었던 빛이 입자라면 반대로 입자라 생각하는 전자와 같은 물질들이 파동이지 않을까?" 즉 양자역학에서 제일 중요한 내용 중 하나인 입자 파동 이중성을 밝히는데 가장 큰 기여를 한 사람은 사실 아인슈타인이었습니다. 아인슈타인은 당연히 자신의 광양자설과 결을 같이하는 양자역학의 입자 파동 이중성을 적극 받아들였습니다.

하지만 양자얽힘의 비국소성은 자신의 특수 상대성이론과 정면으로 배치되는 내용 이었습니다. 만약 아인슈타인 입장에서 양자얽힘의 비국소성을 인정한다면 특수 상대성이론이 완벽하게 모두에 적용되지 않고 예외가 있다는 것을 인정하는 꼴로 보일 수 있었을 것입니다. 자신이 발견한 특수상대성이론과 모순되어 보이는 양자역학을 아인슈타인은 받아들일 수 있었을까요?

또한 양자역학을 찬성하는 누구도 아인슈타인에게 특수상대성이론과 모순되어 보이는 양자얽힘의 비국소성이 왜 일어나는지를 설명하고 설득하지 못하였습니다.

양자역학이 자신의 이론과 모순되어 보였고, 다른 이들도 그 모순을 설명하지 못했지만, 실험적으로 맞고 수학적으로 설명이 되었기 때문에 양자역학이 옳다고 주장했습니다. 아인슈타인의 입장에서는 이를 받아들이기가 정말 쉽지 않았을 것입니다.

아인슈타인은 양자역학에서 자신의 이론과 일치하는 부분은 찬성하였고 자신의 이론과 배치되는 부분은 반대하였다는 점이 재미가 있습니다.

앞에서 양자역학의 비국소성은 시간이 흐르지 않는 세계의 특징이라고 주장했습니다.

아인슈타인은 시간은 절대적이지 않으며 상대적으로 흐른다는 것을 밝힘으로써 시간에 대한 고정관념을 깨뜨리고 인류를 한 단계 발전 시켰습니다.

하지만 아이러니하게도 시간은 항상 존재하고 항상 흐른다는 시간에 대한 고정관념 때문에 양자역학을 제대로 이해하고 받아드리지 못하여 많은 시간을 허비하였습니다.

공간이란 무엇인가?

앞의 특수상대성이론에 의하면 시간과 공간은 같습니다.

특수상대성이론에서 움직이는 물체는 정지해 있는 물체보다 시간과 공간이 줄어듭니다.

그런데 수학적으로 그 비율이 완벽히 같습니다. 시간이 30프로 느리게 가면 공간또한 30프로 줄어듭니다. 만약 빛의 속도로 가게 되면 시간은 흐르지 않게 되고 공간 또한 없어지게 됩니다.

즉 시간이 있으면 공간이 있고 시간이 없으면 공간은 없습니다.

시간이 탄생하는 순간이 decoherence, 상호작용이므로 공간 또한 상호작용 때 탄생한다고 생각해 볼 수 있습니다.

상호작용이 공간입니다.

먼 곳을 한번 쳐다 봅시다. 공간을 본다고 생각하지만 사실은 동시에 시간을 보고 있는 것입니다.
공간을 본다는 것은 상호작용 없이는 불가능합니다. 빛이 사물을 때리고 그 빛이 우리의 눈과 상호작용을 하여 공간을 보고 있습니다. 상호작용이 시간이기 때문에 우리는 공간과 시간을 동시에 보고 있는 것입니다.
먼 곳으로 공간을 지나 이동하기 위해서는 특수상대성이론에 의해 시간이 반드시 소모됩니다.
철학적으로 보일수도 있지만 공간이 떨어져 있다는 것은 시간이 떨어져 있다는 의미로 생각해 볼 수도 있습니다.
눈에 보이는 거시세계는 특수상대성이론에 의해 "국소성"의 성질을 가지기 때문입니다.

**양자 얽힘은 맞지만 아인슈타인의 말대로
빛보다 빠른 정보 전달은 불가능하다.
즉 비국소성의 양자얽힘 또한 국소성의 인과율을 위배하지 않는다.**

양자얽힘에 의하면 얽힌 양자끼리는 시간의 지체 없이 빛보다 빠르게 정보가 전달된 것처럼 보입니다. 왜냐하면 시간이 "0"인 세계이기 때문입니다.
그렇다면 이것을 이용하여 빛보다 빨리 정보를 전달할 수 있을까요?
하지만 이는 불가능합니다.
내가 원하는 정보를 빛보다 빠르게 전달할 수 없습니다. 이는 국소성의 인과율에 위배 됩니다. 특수상대성이론 또한 맞기 때문입니다.

양자얽힘에서 서로 얽힌 양자 a는 지구에 b는 빛의 속도로 100년 걸리는 100광년 떨어진 안드로메다에 있다고 가정해 봅시다. a와 b는 0과 1로 중첩되어 있으며 서로 반대되게 얽혀 있습니다. 이때 지구에 있는 a를 관찰하여 중첩된 0과 1 중에 중첩이 붕괴되어 1로 확정된 것을 확인 하였습니다. 이때 안드로메다에 있는 b는 100년 이 지난 뒤 0으로 확정되는 것이 아니라 그 즉시 시간의 지체 없이 같은 시간에 1로 확정되어 지게 됩니다. 만약 2024년 12월 12일 12시에 지구에서 1로 확정되었다면 지구의 시간으로 2024년 12월 12일 12시에 100광년 떨어진 안드로메다에 있는 b는 0으로 확정됩니다.

그리고 지구에 있는 관찰자는 100광년 떨어진 b가 "0"이라는 사실을 2024년 12월 12일 12시에 알게 됩니다. (지구와 안드로메다는 전혀 다른 시공간이기 때문에 이러한 12시 정각이라는 표현이 잘못된 것 이지만 쉽게 설명하기 위하여 특정 시간을 도입했으니 이해 부탁드립니다.)

이것을 이용하여 지구와 안드로메다간에 정보통신을 할 수 있는 것처럼 생각할 수 있지만 사실 그렇지 못합니다. 왜냐하면 이 우주는 시간이 흐르는 세계와 시간이 흐르지 않는 세계가 뒤섞여 있기 때문입니다.

일단 a양자와 b양자끼리 얽히게 하기 위해서는 이 양자 두 개가 지구에 있어야 합니다. 지구에 있는 양자와 안드로메다에 있는 양자를 즉시 얽히게 할 수는 없습니다.

만약 지구에 있는 양자와 안드로메다에 있는 양자를 즉시 얽히게 할 수 있다면 빛보다 빠른 정보 전달은 가능하며 무한대의 속도로 우주 어디에든 정보를 전달할 수 있습니다. 하지만 현재 이는 불가능합니다.

지구에 있는 a라는 양자와 b를 얽히게 만든 뒤 b를 안드로메다로 보내야 하는데 이때에는 반드시 시간이 소모되며 빛보다 빠르게 안드로메다로 보낼 수 없습니다. 질량을 가진 입자이기 때문에 빛보다 빠를 수 없으며 빛에 근접한 속도로 보낸다고 하더라도 100년 이상이 걸립니다.

즉 결맞음으로 중첩 상태의 입자라 하더라도 공간을 이동 시킬 때에는 빛보다 빠르게 이동 시킬 수 없습니다. 시공간은 같으며 공간이 있다는 것 자체가 시간이 있다는 말이기 때문입니다.

즉 상호작용에 의해 형성된 시공간을 중첩된 시간이 없는 입자가 이동할 때에는 반드시 시간이 소모되며 빛보다 빠르게 공간을 이동할 수는 없습니다.

즉 2024년 12월 12일 12시에 a와 b를 지구에서 얽히게 만든 뒤 b를 안드로메다로 보냈으며 101년 뒤에 안드로메다에 b가 도착했다고 가정해 봅시다. 이때까지 a와 b는 0과 1의 중첩 상태에 있습니다. b는 지구 시간으로 2125년 12월 12일에 12시에 도착하였습니다. 이때 지구에 있는 a를 관찰하여 a가 1이라는 사실을 알게 되었고 안드로메다에 있는 b는 지구 시간으로 2125년 12월 12일 12시에 0이 되었다는 것을 알게 되었습니다. 안드로메다에 있는 b가 0 이라는 사실을 아는데 걸린 시간은 "0" 이 아니라 101년입니다. 2024년에 보낸 b 라는 양자는 2125년에 도착했으며 안드로메다에 있는 외계인은 지구 시간으로 2024년에 보낸 a=1, b=0 이라는 정보를 지구 시간으로 2125년 에 알게 된 것이 됩니다. 즉 지구에 있는 정보를 빛보다 빨리 다른 공간으로 보낼 수는 없습니다. 또한 이 정보는 지구에 있는 사람이 원하는 정보가 아닙니다. 왜냐하면 2125년 12월 12일 전까지 a와 b가 상호작용을 하지 않아 중첩 상태로 유지되었다면 a가 0인지 1인지는 확률로 밖에 짐작할 수 없습니다. 안드로메다로간 b가 0인지 1인지는 2125년 12월 12일까지 지구에 있는 사람 조차 알 수 없습니다.

이를 수학적으로 적어 보자면

$$\frac{100광년의\ 공간}{0}$$

여기에서 분모인 "0"은 중첩된 시간이 흐르지 않는 결맞음의 시공간이며 분자인 100광년의 공간은 상호작용에 의해 시간과 공간이 존재하는 세계의 시공간입니다.

즉 위에 식은 사실 시간이 흐르는 세계와 시간이 흐르지 않는 세계가 동시에 존재한다는 것을 표현해 주는 식이기도 합니다.

국소성 비국소성으로 보았을 때 양자얽힘에서 중첩의 붕괴는 비국소성이지만 국소성의 인과율을 위배하지 않는 이유가 바로 이것입니다.

이 우주는 시간이 흐르는 국소성의 세계와 시간이 흐르지 않는 비국소성이 뒤섞여 존재합니다.

플랑크 시간, 플랑크 길이

시간과 공간은 불연속적이라고 했습니다.

양자역학에서 양자(quantum)는 물리학에서 기본적인 에너지나 물리량의 "불가분의 최소 단위"를 의미합니다. 또한 물리적 상태나 에너지가 연속적이지 않고 불연속적으로 특정 단위로 존재한다는 의미를 내포하고 있습니다. 이 단위가 바로 "양자"입니다.

"불연속적"이기 위해서는 최소 단위가 존재하여야 합니다. 최소 단위가 없이 무수히 많이 나눌 수 있다면 이 또한 연속성을 의미합니다. 양자역학의 불연속성은 이런 무한히 나눌 수 있는 연속적 개념을 부정하고, 최소 단위를 가정함으로써 불연속적 상태를 정의합니다. 예를 들어, 전자는 에너지를 특정한 최소 단위

이상으로는 흡수하거나 방출할 수 없으며, 이로 인해 특정 에너지 준위 간의 도약만 가능합니다. 즉, 이 최소 단위가 존재하기 때문에 불연속적인 변화가 일어나는 것입니다.

양자역학에서 공간이나 시간 자체가 불연속적으로 존재한다는 개념 역시 최소 단위의 개념을 필요로 합니다.

그렇다면 당연히 시간과 공간의 최소 단위가 존재해야 하지 않을까요?

현재 밝혀진 시간과 공간의 최소단위가 바로 플랑크 시간, 플랑크 공간입니다.

플랑크 시간

플랑크 시간을 구하는 방법은 디랙 상수, 중력상수, 빛의 속력을 차원 분석하여 구하게 됩니다.

플랑크 시간 t_p 는

$$t_p = \sqrt{\frac{\hbar G}{c^5}}$$

여기서

$\hbar$: 디랙상수로 플랑크 상수 h를 2π로 나눈 값입니다.

G : 중력상수

c : 빛의 속력

플랑크 시간의 값은 대략 $t_p = 5.39 \times 10^{-44}$ seconds

각각의 상수의 의미

플랑크 상수(h)
양자역학에서의 기본 상수로, 양자적 불확정성을 설명하는 중요한 역할을 합니다. 플랑크 상수는 에너지와 시간, 또는 운동량과 위치 사이의 관계를 규정하며, 미시적인 양자 현상을 이해하는 데 필수적입니다. 플랑크 시간에서 플랑크 상수는 양자적 효과를 반영합니다. 즉, 양자 상태의 변화를 설명하는 데 필요한 중요한 상수입니다.

중력 상수(G)
중력 상수는 만유인력의 법칙에서 사용되는 상수로, 두 물체 간 중력의 크기를 결정합니다. 이 상수는 우주의 모든 질량과 에너지 간의 중력 상호작용을 기술합니다. 플랑크 시간에서 중력 상수는 중력의 효과를 반영합니다. 플랑크 시간은 양자역학과 중력이 결합하는 스케일을 의미하므로, 중력 상수를 포함하는 것이 필수적입니다.

빛의 속도(c)
빛의 속도는 특수 상대성 이론의 핵심 상수로, 시간과 공간을 연결하는 속성입니다. 이 속도는 진공에서의 빛의 최대 속도일 뿐만 아니라, 에너지와 질량을 연결하는 중요한 상수이기도 합니다. 플랑크 시간에서 빛의 속도는 상대론적 효과를 반영합니다. 빛의 속도는 시간과 공간 간의 관계를 정의하는 기준이 되며, 상대성 이론에서 시간과 공간을 묶는 역할을 합니다.

플랑크 시간의 물리적 의미

플랑크 시간은 이론적으로 시간의 최소 단위로 여겨지며, 이 시간 이하의 영역에서는 현재의 물리 법칙들이 더 이상 유효하지 않을 수 있다고 생각되어집니다. 특히, 일반 상대성이론과 양자역학이 동시에 적용되는 플랑크 스케일에서의 현상을 설명하는 데 중요한 역할을 합니다.

플랑크 시간과 우주의 초기 상태

플랑크 시간은 우주가 태어난 후 극히 짧은 시간 동안의 상태를 이해하는 데 사용됩니다. 이 시간 동안에는 중력, 전자기력, 강한 핵력, 약한 핵력 등이 통합된 상태였을 것으로 추정되며, 이 시점 이후부터는 각 힘들이 분리되고, 기존의 물리 법칙이 적용되기 시작했다고 여겨집니다.

플랑크 길이

플랑크 길이는 플랑크 시간에 빛의 속도 c를 곱한 값입니다. 즉 플랑크 시간 동안 빛의 속도로 이동한 거리가 플랑크 길이입니다.

$$\text{플랑크 길이 } l_p \text{는 } l_p = \sqrt{\frac{\hbar G}{c^3}}$$

대략적인 길이는 $l_p = 1.616 \times 10^{-35}$ meters입니다.

플랑크 길이의 물리적 의미

양자 중력 영역
플랑크 길이는 중력 상수, 플랑크 상수, 그리고 빛의 속도를 결합하여 만들어진 길이 단위입니다. 이 길이는 중력과 양자역학의 효과가 동시에 중요해지는 가장 작은 길이 단위로, 이보다 작은 길이에서는 양자 중력의 효과가 매우 강하게 나타날 것이라고 예측됩니다. 즉, 플랑크 길이 이하의 공간에서 우리는 양자역학과 중력 이론이 결합된 이론이 필요합니다.

공간의 최소 단위
이론적으로, 플랑크 길이는 물리적으로 더 이상 작은 길이로 나눌 수 없는 한계입니다. 이 길이보다 작은 스케일에서는 고전적인 시공간의 개념이 무너지며, 우리는 양자 중력 이론을 통해 시공간의 본질을 설명해야 할 필요가 있습니다.

중력 특이점
블랙홀이나 빅뱅 같은 특이점에서, 시공간이 플랑크 길이 수준까지 압축되면, 고전적인 일반 상대성 이론이 더 이상 적용되지 않으며, 양자 중력 이론이 필수적입니다. 이 스케일에서는 공간과 시간 자체가 양자적 특성을 띠며, 고전적 개념으로는 설명이 불가능합니다.

다른 입자와 비교
플랑크 길이는 입자 물리학에서 중요한 역할을 하는 입자들의 크기와 비교할 때 매우 작은 값입니다. 예를 들어, 양성자의 크기가 약 10^{-15}미터인 것에 비해 플랑크 길이는 그보다도 훨씬 작은 길이입니다. 즉, 이 스케일에서는 현재 우리가 알고 있는 입자들조차 의미를 상실할 수 있습니다.

결어긋남을 일으키는 상호작용이 시간이라고 하였습니다. 플랑크 시간은 시간의 최소 단위입니다. 그렇다면 결어긋남을 일으키는 상호작용에 의해 존재하지 않던 시간이 탄생할 때 최소한 "플랑크 시간" 이상의 시간이 탄생하여야 합니다.

그렇다면 시간 "t"는

$$t=f(N) \cdot f(t_p)$$

N : decoherence의 횟수, 정수이다.
t_p : 플랑크 시간
으로 표현할 수 있지 않을까 개인적으로 생각해 봅니다.

5장

시간

시간에 대한 사고 실험

우리 우주는 상호작용을 하지 않는 결맞음의 세계와 상호작용을 하는 결어긋남의 세계가 뒤섞여 존재할 수밖에 없는 세계입니다. 그렇다면, 시간이 흐르며 존재하는 세계와 시간이 흐르지 않으며 존재하지 않는 세계가 뒤섞여 존재한다고 할 수 있습니다. 시간이라는 것은 매우 추상적이고 어려운 개념입니다. 물리학 공식에 자주 등장하지만, 시간을 정의하기란 매우 어렵습니다. 시간이라는 것은 인간이 정한 개념이며, 인간이 정의한 단어입니다. 그런데 시간을 말할 때는 항상 과거, 현재, 미래라는 단어가 등장합니다. 시간을 세 가지로 나눈다면, 과거의 시간, 현재의 시간, 미래의 시간으로 나눌 수 있습니다. 시간이 존재해야만 과거, 현재, 미래가 존재할 수 있습니다. 여기서 과거, 현재, 미래를 결맞음 상태의 중첩 상태와 상호작용에 의한 결어긋남의 개념으로 생각해 볼 필요가 있습니다.

결맞음과 결어긋남의 가장 큰 차이는 중첩과 거시세계에서의 확정입니다. 결맞음 상태일 때는 여러 상태가 중첩 상태로 존재하며, 확률로만 표현됩니다. 반면, 결어긋남 상태가 되면 중첩이 사라지고 거시세계에서 확정된 상태가 됩니다. 그렇다면 우리가 인지하는 시간 속에서 과거는 결맞음 상태일까요, 아니면 결어긋남 상태일까요? 당연히 과거는 결어긋남 상태입니다.

중첩이라는 것은 여러 가지 상태가 확률적으로 존재하는 상태를 의미합니다. 하나로 확정된 상태가 아니라는 뜻입니다. 어떠한 입자가 거시세계에서 입자적 특성을 가지려면 상호작용에 의한 결어긋남이 필요합니다. 그런데 과거는 항상 하나로 정해져 있습니다. 어제 점심 12시에 중첩 상태로 서울과 부산에 동시에 존재한 사람은 없습니다. 어제 12시 정각에 우리는 하나의 상호작용을 하며 하나의 과거만을 가지고 있습니다. 즉, 중첩 상태가 아닌 결어긋남 상태이며, 모든 과거가 그렇습니다.

현재는 결맞음의 중첩 상태일까요? 아니면 상호작용에 의한 결어긋남의 확정 상태일까요? 당연히 현재는 결어긋남의 확정 상태입니다. 현재 중첩 상태로 확률적으로 존재하는 사람은 없습니다. 현재 서울과 부산에 동시에 확률로 존재하는 사람도 없으며, 중첩 상태로 존재하는 사람 역시 없습니다.

여기서 사고 실험을 해보겠습니다.

플로렌 실험에 따르면 이론적으로는 모든 물질을 결맞음 상태의 중첩 상태로 만들 수 있습니다. 실제로는 거의 불가능하지만, 이론적으로는 고양이를 이루는 모든 원자를 상호작용하지 않게 만들어 중첩 상태로 만들 수 있습니다.

나이가 20살인 쌍둥이 형제가 있다고 가정해 봅시다.

형을 2021년 10월 30일 12시에 모든 상호작용을 제거해 결맞음 상태로 중첩 상태로 만들었다고 가정 해보겠습니다. 2021년 10월 30일 12시 이전에는 형도 결어긋남 상태로 살아왔습니다. 반면, 동생은 2021년 10월 30일 12시 이후에도 상호작용을 하며 결어긋남 상태에서 거시세계의 생활을 지속했으며, 동생의 시간으로는 50년이 흘렀습니다.

2071년 10월 30일 12시가 된 것입니다. 동생은 2021년부터 2071년 까지 50년이라는 하나의 중첩되지 않은 확정된 과거를 가지고 있습니다.

이때 결맞음 상태에 있던 형을 상호작용하게 만들어 결어긋남 상태로 돌아오게 했다고 가정해봅시다. 즉 형을 관찰하기 시작했습니다. 그렇다면 그 형은 어떤 모습일까요? 50년 전 모습 그대로일 것입니다. 생각하기 위해서도, 보고 듣고 말하기 위해서도, 늙기 위해서도, 죽기 위해서도 상호작용이 필요하기 때문에 50년 전 상태 그대로일 것입니다.

그렇다면 이 형에게 과거는 언제일까요? 동생의 시간, 즉 2021년부터 2071년까지의 과거는 존재하지 않습니다. 왜냐하면 그 시간 동안 형의 상태는 거시세계의 확정된 상태가 아닌 중첩 상태였기 때문입니다. 따라서 형은 2022년의 과거에 무엇을 했는지 정의할 수 없습니다. 중첩 상태로 존재했기 때문입니다. 형의 입장에서 생각해보면, 결어긋남에 의해 확정된 과거는 2021년 10월 30일 12시 이전뿐입니다. 형은 2021년 10월 30일 12시에서 눈 한번 깜빡였을 뿐인데, 동생이 50년 늙은 모습으로 나타났고, 세상이 순간 이동하듯 모든 것이 변한 것으로 느껴질 것입니다. 이 충격은 우리가 거시세계에서 미시세계의 양자 운동을 관찰할 때 느끼는 충격과 비슷할 것입니다.

그렇다면 이 형의 미래는 어떻게 정의 될까요?

2021년 10월 30일 12시 정각에 이 두 형제에게 2050년은 모두 미래의 시간이었습니다.

상호작용을 하는 동생은 2050년의 미래를 겪었지만 형은 그 미래를 겪지 못했습니다. 형의 입장에서 2050년은 미래였지만, 동생이 상호작용 속에서 격은 2050년에도 확정되지 않은 중첩 상태였습니다. 형은 상호작용을 하지 않는 이상, 동생이 겪고 우리가 상호작용 속에서 느끼는 2021년의 미래에 해당하는 2050년을 겪을 수가 없습니다.

2071년 10월 30일 12시에 동생의 입장에서 2050년은 과거가 되었습니다. 동생에겐 2050년이란 과거가 2071년에 존재하며 2050년에 결어긋남의 확정된 상태였습니다.

하지만 형에게는 2050년이라는 시간이 존재하지 않습니다. 2050년은 미래도 과거도 아닙니다. 확정되지 않은 중첩 상태였기 때문입니다.

형의 미래가 현재가 되는 순간은 상호작용을 통해 결어긋남이 발생해야만 가능할 것입니다. 만약 2071년 10월 30일 12시에도 형이 상호작용을 하지 않고 결맞음 상태에 있다면, 그에게 미래란 존재하지 않습니다. 상호작용에 의한 결어긋남이 없으면, 모든 것이 결정되지 않은 중첩 상태로 존재하게 됩니다.

만약 형이 상호작용을 하지 않는 상태가 영원히 지속된다면 형은 영원히 미래를 경험할 수 없습니다. 2021년 10월 30일 12시 정각 그 모습 그대로일 것입니다. 늙을 수도, 죽을 수도, 없습니다.

우리가 미래에 어떻게 될지는 아무도 모릅니다. 지금 하는 일이 성공할지 실패할지도 누구도 알 수 없습니다. 하지만 상호작용을 통해 중첩 상태가 붕괴되고 확정되면서 미래가 현재가 되는 것입니다. 시간 속 과거의 사건들은 모두 확정된 상태입니다. 또한 미래를 겪기 위해서도 상호작용에 의한 결어긋남이 필요합니다.

사실 우리의 미래는 현재 입장에서 보면 결어긋남의 상태가 아닐 것입니다. 왜냐하면 아직 상호작용을 하지 않은 세계이기 때문입니다.

"우리의 미래는 상호작용을 하지 않은 중첩된 확률로 존재하는 세계입니다. 미래는 결정되어 있지 않으며, 오로지 확률로만 존재합니다."

그러나 상호작용 속에서 중첩이 붕괴되면서 미래가 현재가 된다고 볼 수 있습니다. 상호작용을 통해 현재가 생겨나고, 조금 전의 현재는 과거가 됩니다. 다시 상호작용을 하면 미래가 현재가 되고, 현재는 과거가 됩니다.

2021년의 동생이 상호작용을 통해 2050년이 되면 2050년은 현재가 됩니다. 다시 상호작용을 통해 2071년 이되면 2050년은 과거가 됩니다.

2021년에 상호작용을 멈춘 형은 2050년이 미래도 과거도 현재도 아닙니다.

시간은 과거 현재 미래입니다. 상호작용을 하지 않는 형에게 2021년 10월 30일

12시 이후 시간이란 존재하는 것일까요?
상호작용을 하지 않으면 미래란 존재할 수 없습니다. 이런 의미에서 우리가 말하는 시간을 상호작용에 의한 결어긋남이라고 말할 수 있지 않을까요?

시간에 대한 사고 실험 2

"결맞음 상태에서는 시간이 없다."라고 했는데 전자의 이중슬릿 실험에서 전자가 발사되고 이중슬릿을 통과할 때까지 시간이 걸립니다. 이는 전자의 시간이 흐른 것이 아니라 이중슬릿 실험을 하는 관찰자와 이중슬릿이 결어긋남 상태이기 때문에 생기는 시간입니다.
마치 전자는 앞의 사고 실험에서 형에 해당하며 관찰자와 이중슬릿은 시간이 흐르는 동생에 해당합니다.
여기에 대한 사고 실험을 해봅시다. 이번에도 쌍둥이의 형을 결맞음 상태로 만들어서 이번에는 이중슬릿에 던진다고 해봅시다. 그런데 실험 장치를 크게 만들어서 형이 이중슬릿에 도달하기 까지 관찰자인 동생의 시간으로 50년이 걸리도록 실험 장치를 만들었습니다.
2021년 12월 30일 12시에 결맞음 상태의 형을 이중슬릿에 던졌고 형은 상호작용을 하지 않아 결맞음이 계속 유지된 상태로 2071년 12월 30일에 이중슬릿 끝에 도달하여 간섭무늬를 만들었습니다.
여기서 50년은 실험을 하는 관찰자가 50년 동안 결어긋남 상태로 있어서 흐른 시간이 됩니다.
이때 형은 어떤 상태일까요? 70대 노인의 모습일까요? 아닙니다. 2021년 12월 30일 모습 그대로일 것입니다. 20살의 모습 그대로일 것입니다. 50년 전 마지막 결어긋남 때 관찰된 모습 그대로일 것입니다.

나이가 들기 위해서도 죽기 위해서도 부패하기 위해서도 상호작용에 의한 결어굿남의 확정이 필요합니다.

여기에서 우리는 형의 속도를 구할 수 있습니다. 이중슬릿 실험 장치의 거리를 50년으로 나누면 됩니다.

여기에서 시간이라는 변수를 사용할 수 있다는 말입니다. 형에게는 시간이 없다고 하였는데 무슨 경우일까요? 여기에서 시간 "t" 는 결어굿남 상태에 있는 관찰자인 동생의 시간입니다.

 형의 몸 자체 내부에서는 모두 동시성을 가지며 중첩되어 있지만 시간이 흐르는 관찰자 입장에서는 형은 속도를 가지며 절대 특수상대성이론에 의해 빛보다 빠르게 이중슬릿에 던질 수 없습니다.

여기에서 시간은 형의 시간이 아닙니다.

관찰자인 동생의 시간입니다.

결맞음 상태의 형은 이중슬릿에 도착했을 때 50년 전 모습 그대로였으며 결맞음 상태였기 때문에 시간 또한 흐르지 않았습니다.

이때 형의 몸 자체에는 시간이라는 변수는 존재하지 않습니다.

즉 형을 실험하는 관찰자가 포함된 경우에는 관찰자가 형의 속도를 설명할 때 시간이라는 변수가 의미가 있습니다. 하지만 결맞음 상태의 형 자체만을 놓고 보게 되면 시간이 의미가 없는 것이 됩니다.

여기에서 다시 한번 확인해 볼 수 있는 사실은 결맞음의 상태로 시간이 없는 중첩 상태인 세계와 시간이 존재하는 결어굿남의 세계가 뒤섞여 있다는 것입니다. 양자의 이상한 현상들은 결어굿남의 시간이 존재하는 관찰자가 결맞음의 시간이 존재하지 않는 영역을 관찰하게 되니 양자얽힘, 파동과 입자의 이중성과 같은 이해하기 힘든 현상들이 나타났던 것입니다.

시간이란 무엇인가?

"시간이란 무엇인가? "에 대한 고민은 정말 많은 시간 동안 다양한 분야에서 있어왔습니다. 물리학 뿐만 아니라 종교 철학에서도 있어 왔습니다. 하지만 누구도 시간이 무엇인지에 대한 해답을 모든 사람이 공감할 수 있게 명쾌하게 설명하지 못하였습니다. 앞으로 불가능할지도 모릅니다.

일단 역사적으로 시간에 대한 개념 변화를 간단하게 살펴 봅시다.

고대 그리스 철학

플라톤 : 플라톤은 시간의 본질을 '영원'이라는 개념과 연결 지었습니다. 그는 시간은 영원의 움직임이라고 했습니다.

아리스토텔레스 : 아리스토텔레스는 시간은 사건 간의 순서를 측정하는 수단으로 정의했습니다. 그는 시간을 변화와 연결짓고, 물리적 세계의 변화가 시간의 흐름을 만든다고 보았습니다.

중세 시대

중세 시대에는 시간에 대한 종교적 해석이 중요했습니다.

아우구스티누스 : 아우구스티누스는 시간은 인간의 마음에서 비롯된다고 주장했습니다. 그는 과거, 현재, 미래의 개념을 설명하면서 시간은 신의 창조와 연관이 있다고 보았습니다. 특히, 그는 시간의 주관적 성격에 주목했습니다.

근대

근대 과학의 발전과 함께 시간의 개념도 크게 변화했습니다.

뉴턴의 절대 시간 : 아이작 뉴턴은 시간을 절대적이고 불변하는 것으로 보았습니다. 그의 이론에서 시간은 공간과 독립적으로 흐르며, 우주의 모든 곳에서 동일하게 흘러간다고 주장했습니다.

칸트의 시간 : 임마누엘 칸트는 시간과 공간을 인간 인식의 틀로 보았습니다. 그는 시간은 경험을 구성하는 방식 중 하나로, 인간의 주관적 인식의 구조라고 보았습니다.

현대

현대 물리학은 시간의 개념에 큰 혁신을 가져왔습니다. 바로 아인슈타인의 상대성 이론과 양자역학입니다. 이 책에서 다루고 있는 가장 큰 주제입니다.

현대 철학

존 매크태거트 : 그는 시간의 현실성을 부정하며, 시간은 단지 인간의 환상이라고 주장했습니다.

헨리 버그슨 : 버그슨은 시간은 단순히 물리적 변화의 연속이 아니라, '지속'이라는 개념을 통해 이해되어야 한다고 주장했습니다. 이는 시간의 질적 측면을 강조한 것입니다.

물리학적으로 보았을 때 이 시간이라는 변수는 거시세계 물리학의 가장 중요하고 가장 많이 등장하는 변수입니다.

이 시간에 대한 고정관념을 바꾸어 놓은 첫 번째 과학자가 아인슈타인입니다.

시간에 대해 논의할 때 빠지지 않고 등장하는 사람은 당연 아인슈타인입니다. 아인슈타인이 바꾸어 놓은 시간의 개념은 상대성입니다.

사람들은 시간이 모든 사람에게 절대적으로 동일하게 흐른다고 믿었습니다. 하지만 아인슈타인은 "빛은 상대속도가 존재하지 않는다."라는 단 하나의 명제를 통해 시간은 속도, 에너지, 질량에 의해 상대적으로 변한다는 것을 발견했습니다.

또한, 공간과 시간은 같이 움직이며, 공간과 시간은 같은 것임을 수학적으로 알아냈습니다. 시공간에 대한 엄청난 도약이었습니다.

하지만 이러한 시공간에 대한 상대론적 이해가 "시간이란 무엇인가?"를 완벽히 해결해 주지 못하였습니다.

왜냐하면 "시간과 공간은 상대적이다."라는 말은 시간과 공간의 특징을 설명한 것이지, 시간을 완벽히 설명하는 말은 아니기 때문입니다.

필자의 경우 "시간이 무엇인가?"를 고민하면서 첫 번째로 했던 생각은 시간이 없는 경우를 생각해 보는 것이었습니다.

왜냐하면 어떤 물질이 무엇인지 이해하기 위해서는 그 물질이 존재하는 경우와 존재하지 않는 경우를 나누어서 생각해 볼 필요가 있기 때문입니다.

시간이 없는 경우를 머릿속으로 상상하기는 너무나도 어렵습니다. "시간이 없다."는 것과 가장 비슷한 개념은 "시간이 흐르지 않는다."라고 처음 생각했습니다. 수학적으로 보았을 때 없다는 의미를 가지는 숫자는 "0"입니다. 사과가 "0"이다는 것은 사과가 없다는 의미입니다. 그런데 시간을 표시할 때 숫자를 사용하며 시간은 숫자로 표현되는 대표적인 물리량입니다. 이때 서로 다른 사건에 대해 두 시간의 편차가 수학적으로 "0"인 경우는 언어로 설명하자면 두 사건 사이에 "시간이 흐르지 않았다." "시간이 걸리지 않았다." 또는

"동시(同時)"

라고 표현될 것입니다.

양자역학을 공부하면서 거시세계의 특징과 다른 현상들이 양자의 세계에서 계속 관찰되었습니다. 물리학적으로 너무나도 이해하기 힘든 현상들입니다. 필자 또한 정말 이해하기 힘든 현상들이었습니다. 상호작용이 시간을 만들고 상호작용이전에 시간이 흐르지 않는다는 것을 생각하기 전의 일입니다.

그런데 이 이해하기 힘든 양자의 움직임에 대해 공부하고 고민하면서 양자를 설명하는 문장들에서 공통적으로 들어가는 단어를 발견했습니다. 바로 "동시(同時)"라는 단어였습니다.

양자역학에서 가장 이해하기 어려운 부분은 양자 얽힘과 입자-파동 이중성이 드러난 이중 슬릿 실험의 결과입니다. 이러한 개념들에는 모두 '동시(同時)'라는 단어가 반복적으로 등장합니다.

양자 얽힘의 키워드는 중첩과 동시성이라고 하였습니다.
1. 중첩이란 "하나의 입자가 동시(同時)에 여러 가지 상태를 가진다. "동시라는 단어가 들어갑니다.
2. 동시성이란 "중첩된 입자가 하나로 붕괴될 때 얽힌 양자끼리는 동시(同時)에 상태가 결정된다." 양자의 비국소성입니다.
3. 파동과 입자의 가장 큰 차이점은 여러 공간에 동시(同時)에 존재할 수 있느냐 없느냐입니다

실마리가 풀리는 순간이었습니다. 그렇다면 "동시란 무엇인가?"를 생각해 보았습니다.
동시에 두 가지 경우가 생기기 위해서는 시간이 없는 세상이어야 했습니다.

> 두 가지 경우가 일어날 때 두 가지 경우 사이에
> 시간이 흐르지 않는다면 두 가지 경우를 동시에 가지는 것이 아닌가?

사실 "시간이 없다."와 동시는 다른 개념입니다. 동시라는 단어 자체에 시간이 들어가며 시간이 있어야 동시라는 개념도 있기 때문입니다.

시간이 존재하는 세계, 시간이 흐르는 세계에서 시간이 흐르지 않는 세계를 관찰하게 되었을 때 등장하는 단어가 "동시(同時)"입니다.

우리는 시간이 흐르는 세계에 살고 있기 때문입니다. 상호작용 없이는 아무것도 할 수 없기 때문입니다. 시간이 없는 세계를 관찰할 때에도 우리의 시간은 흐르고 있습니다.

즉 시간이 흐르는 세계에서 시간이 흐르지 않는 세계를 관찰했을 때 필연적으로 나타나는 단어가 동시였던 것입니다.

시간이 흐르지 않는 세계가 있고 시간이 흐르는 세계가 있습니다. 이 둘은 뒤섞여 존재합니다.

시간은 존재하지 않습니다. 그런데 우리 거시세계에는 반드시 시간이 존재하며 그렇기 때문에 속도라는 개념 또한 존재합니다.

시간이 흐르는 세계와 시간이 흐르지 않는 세계 둘을 나누는 기준이 반드시 존재할 것입니다. 그 조건을 찾아내면 시간이 무엇인지 이해하는 실마리가 될 것입니다.

존재하지 않던 시간이 탄생하는 그 순간의 조건이 인간이 정의 내린 "시간"이라 말할 수 있지 않을까요?

그 기준은 이미 수많은 실험으로 밝혀져 있었습니다. 양자얽힘에서 양자 중첩이 사라지고 하나로 확정되는 순간은 상호작용에 의한 결어긋남이 유일합니다. 이중슬릿 실험에서 여러 공간에 동시에 존재하던 파동의 성질이 사라지는 순간은 상호작용에 의한 결어긋남이 유일합니다.

상호작용이 우리가 인지하는 시간을 만들어 내고 시간을 흐르게 만듭니다.

그런데 시간이란 인간이 만든 단어입니다. 인간이 정의 내리고 만든 개념입니다. 그렇다면 인간은 어떠한 현상에 시간이라는 단어를 붙였을까요?

개인적으로, 결어긋남에 의해 중첩이 붕괴되고 확정되는 현상에 사람들이 '시간'이라는 이름이 붙인 것이 아닐까 생각해 봅니다.
만약 필자에게 시간이 무엇인지 설명하라고 한다면

"결어긋남을 일으키는 상호작용이 시간이다."

라고 하고 싶습니다.

참고문헌

Bohr, N. (1935). Can Quantum-Mechanical Description of Physical Reality Be Considered Complete? Physical Review, 48(8), 696-702.

Bell, J. S. (1964). On the Einstein-Podolsky-Rosen Paradox. Physics Physique Физика, 1(3), 195-200.

Einstein, A., Podolsky, B., & Rosen, N. (1935). Can Quantum-Mechanical Description of Physical Reality Be Considered Complete? Physical Review, 47(10), 777-780.

Zurek, W. H. (2003). Decoherence, einselection, and the quantum origins of the classical. Reviews of Modern Physics, 75(3), 715-775.

Schlosshauer, M. (2007). Decoherence and the Quantum-To-Classical Transition. Springer.

Penrose, R. (2004). The Road to Reality: A Complete Guide to the Laws of the Universe. Vintage Books.

Feynman, R. P., Leighton, R. B., & Sands, M. (1965). The Feynman Lectures on Physics, Vol. 3: Quantum Mechanics. Addison-Wesley.

Wheeler, J. A., & Zurek, W. H. (1983). Quantum Theory and Measurement. Princeton University Press.

Joos, E., Zeh, H. D., Kiefer, C., Giulini, D. J., Kupsch, J., & Stamatescu, I.-O. (2003).
Decoherence and the Appearance of a Classical World in Quantum Theory. Springer.

Deutsch, D. (1997). The Fabric of Reality: The Science of Parallel Universes—and Its Implications. Penguin Books.

Hawking, S. (1988). A Brief History of Time. Bantam Books.

Zeh, H. D. (1970). On the interpretation of measurement in quantum theory. Foundations of Physics, 1(1), 69-76.

Zurek, W. H. (1981). Pointer Basis of Quantum Apparatus: Into what Mixture does the Wave Packet Collapse? Physical Review D, 24(6), 1516-1525.

Zurek, W. H. (2003). Decoherence, Einselection, and the Quantum Origins of the Classical. Reviews of Modern Physics, 75(3), 715-775.

Tegmark, M., & Wheeler, J. A. (2001). 100 Years of Quantum Mysteries. Scientific American, 284(2), 68-75.

Schlosshauer, M. (2005). Decoherence, the Measurement Problem, and Interpretations of Quantum Mechanics. Reviews of Modern Physics, 76(4), 1267-1305.

Omnès, R. (1994). The Interpretation of Quantum Mechanics. Princeton University Press.

Bohm, D. (1951). Quantum Theory. Prentice-Hall.

Greenberger, D. M., Horne, M. A., & Zeilinger, A. (1989). Going Beyond Bell's Theorem. In Bell's Theorem, Quantum Theory and Conceptions of the Universe (pp. 69-72). Springer.

Horodecki, R., Horodecki, P., Horodecki, M., & Horodecki, K. (2009). Quantum Entanglement. Reviews of Modern Physics, 81(2), 865-942.

Schrödinger, E. (1935). Discussion of Probability Relations between Separated Systems. Mathematical Proceedings of the Cambridge Philosophical Society, 31(4), 555-563.

Brunner, N., Cavalcanti, D., Pironio, S., Scarani, V., & Wehner, S. (2014). Bell Nonlocality. Reviews of Modern Physics, 86(2), 419-478.

Ekert, A. K. (1991). Quantum Cryptography Based on Bell's Theorem. Physical Review Letters, 67(6), 661-663.

Bouwmeester, D., Pan, J.-W., Mattle, K., Eibl, M., Weinfurter, H., & Zeilinger, A. (1997). Experimental Quantum Teleportation. Nature, 390(6660), 575-579.

Pan, J.-W., Daniell, M., Gasparoni, S., Weihs, G., & Zeilinger, A. (2000). Experimental Demonstration of Four-Photon Entanglement and High-Fidelity Teleportation. Physical Review Letters, 86(20), 4435-4438.

Ursin, R., Tiefenbacher, F., Schmitt-Manderbach, T., Weier, H., Scheidl, T., Lindenthal, M., ... & Zeilinger, A. (2007). Entanglement-Based Quantum Communication over 144 km. Nature Physics, 3(7), 481-486.

Jönsson, C. (1961). Electron Diffraction at Multiple Slits. American Journal of Physics, 29(12), 940-943.

Tonomura, A., Endo, J., Matsuda, T., Kawasaki, T., & Ezawa, H. (1989). Demonstration of Single-Electron Build-Up of an Interference Pattern. American Journal of Physics, 57(2), 117-120.

Bach, R., Pope, D., Liou, S.-H., & Batelaan, H. (2013). Controlled Double-Slit Electron Diffraction. New Journal of Physics, 15(3), 033018.

Wheeler, J. A. (1984). Quantum Theory and Measurement. Princeton University Press.

Bohr, N. (1928). The Quantum Postulate and the Recent Development of Atomic Theory. Nature, 121(3050), 580-590.

Rovelli, C. (1996). Relational Quantum Mechanics. International Journal of Theoretical Physics, 35(8), 1637-1678.

Rovelli, C. (2004). Quantum Gravity. Cambridge University Press.

Kim, Jeong Hee. "Decoherence is Time." ResearchGate, 2021. Accessed November 26, 2024.
(https://www.researchgate.net/publication/357172354_Decoherence_is_time.)

상호작용이
시간이다

초판 1쇄 2024년 12월 03일

저 자 김정희

발행인 김정희
디자인 이설희

발행처 자연앤 과학
등 록 제 327-2024-000010 호
주 소 부산광역시 동구 중앙대로 527 5층(범일동)
번 호 051-898-1075
메 일 gkgk9736@naver.com

ISBN 979-11-990444-0-1 (03420)

* 이 책은 저작권법에 따라 보호받는 저작물이므로 무단복제와 무단전재를 금합니다.
* 이 책 내용의 전부 또는 일부를 이용하려면 반드시 자연앤 과학의 서면 동의를 받아야 합니다.